目　录

模块一　点、线、面的投影

课题一　点 的 投 影

1—1—1　点的投影练习

(1) 按立体图作点 A 的三面投影（尺寸从图中量取）。

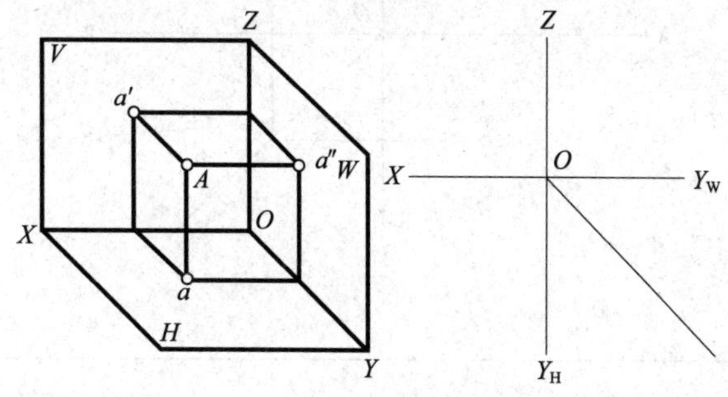

(2) 已知各点的空间位置，画出其投影图（尺寸从图中量取）。

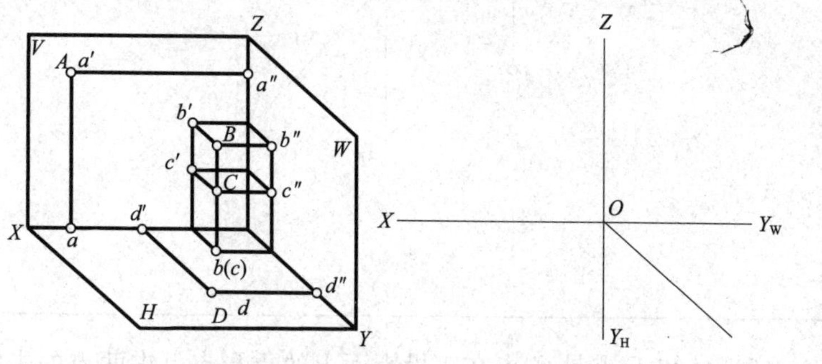

(3) 作 A（20，15，10）、B（15，0，20）两点的投影。

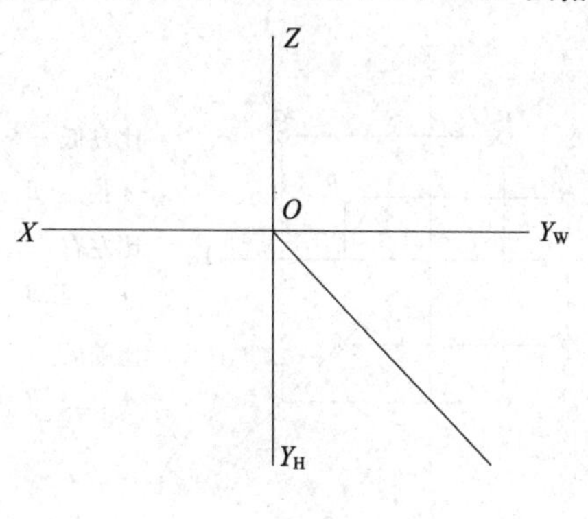

(4) 根据点的两面投影求作第三投影。

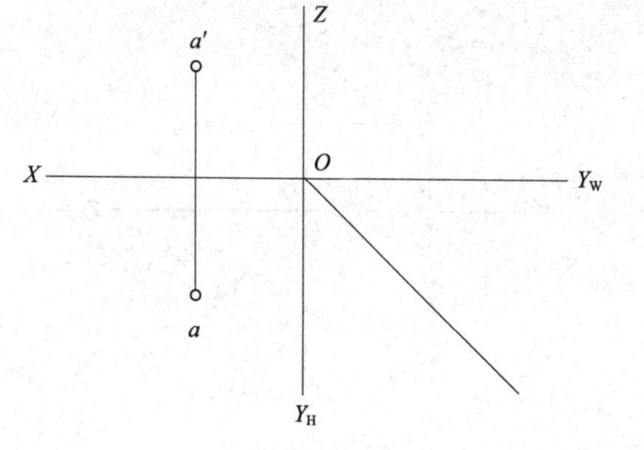

1—1—2　点的投影练习

(1) 根据点的两面投影求作第三投影。

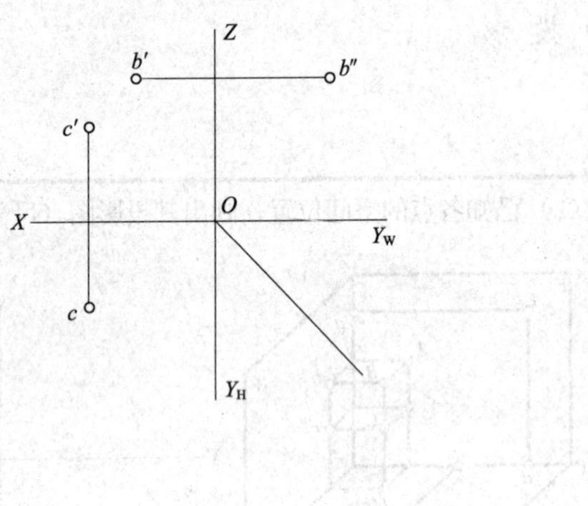

(2) 已知 E 点是 D 点在正投影面上的重影点，求两点的未知投影。

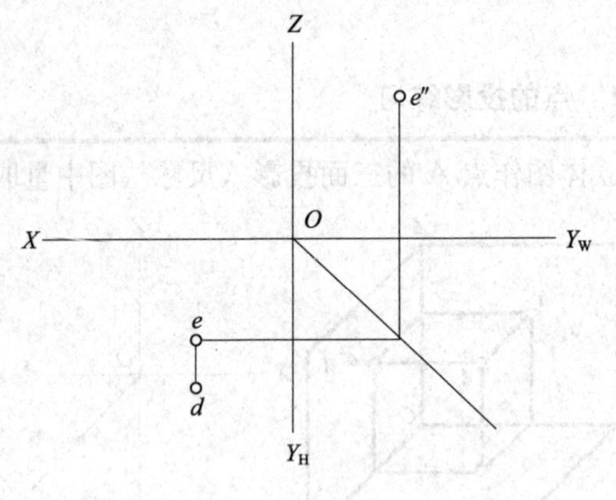

(3) 已知 F 点是 G 点在正投影面上的重影点，求两点的未知投影。

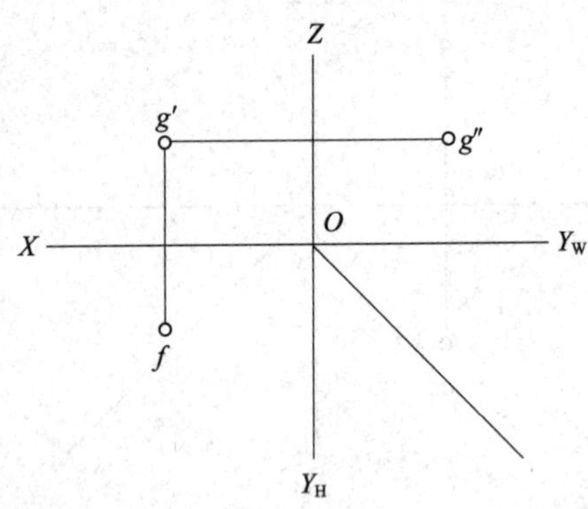

(4) 比较两点的位置。

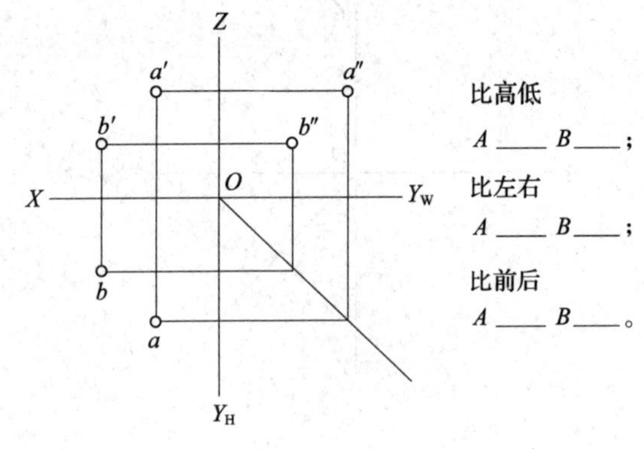

比高低

A ____ B ____；

比左右

A ____ B ____；

比前后

A ____ B ____。

课题二　直线的投影

1—2—1　补画直线的第三投影，并填空

（1）补画直线段 AB 的侧投影，并填空。

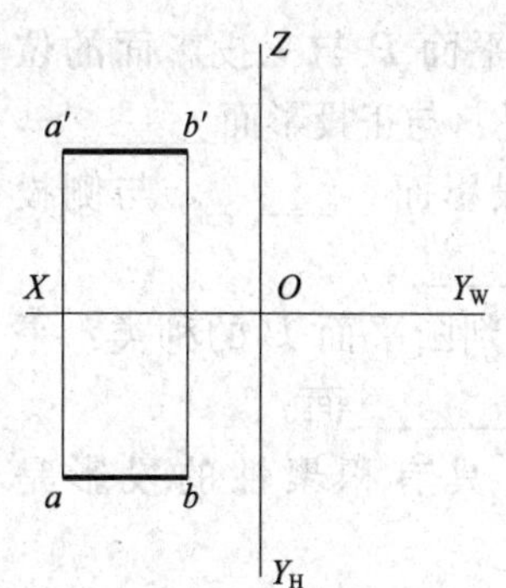

1）直线段 AB 与三投影面的位置关系是：与正投影面____，与水平投影面____，与侧投影面____。

2）判断直线段 AB 的种类：直线段 AB 为____线。

3）反映实长的投影是____。

（2）补画直线段 EF 的正投影，并填空。

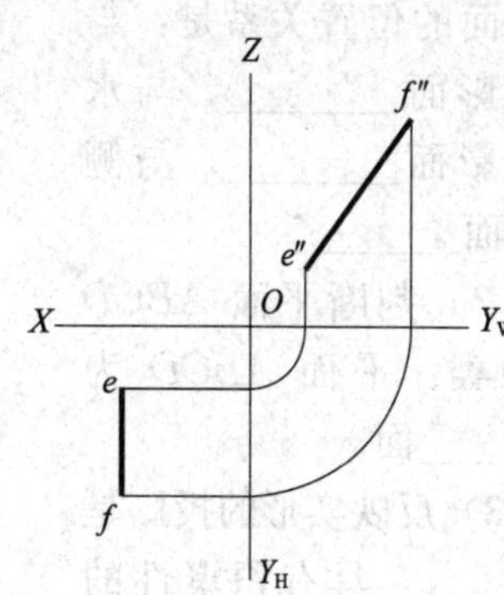

1）直线段 EF 与三投影面的位置关系是：与正投影面____，与水平投影面____，与侧投影面____。

2）判断直线段 EF 的种类：直线段 EF 为____线。

3）反映实长的投影是____。

（3）补画直线段 CD 的侧投影，并填空。

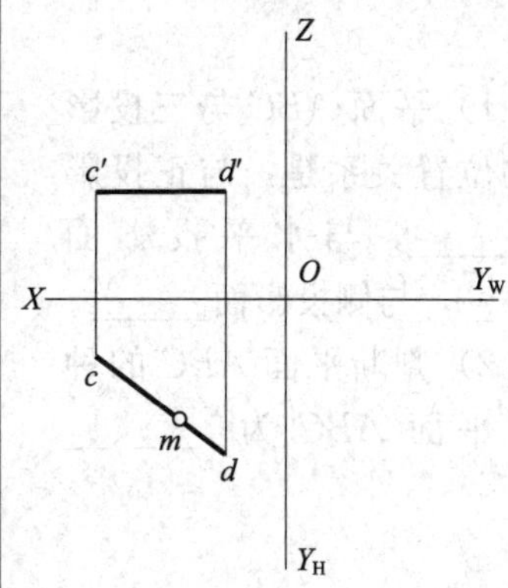

1）直线段 CD 与三投影面的位置关系是：与正投影面____，与水平投影面____，与侧投影面____。

2）判断直线段 CD 的种类：直线段 CD 为____线。

3）反映实长的投影是____。

4）求直线上点 M 的未知投影。

（4）补画直线段 HK 的水平投影，并填空。

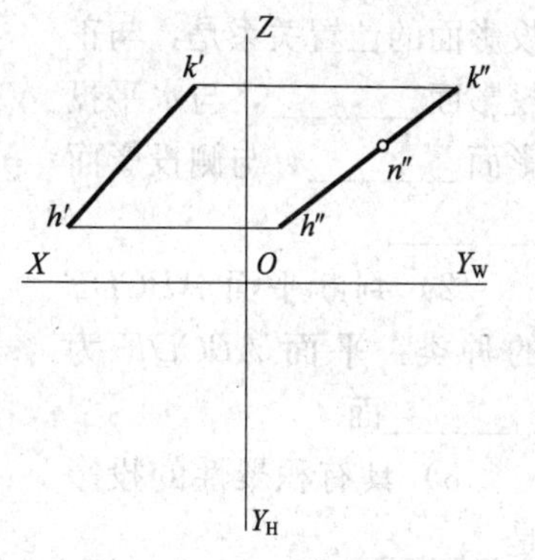

1）直线段 HK 与三投影面的位置关系是：与正投影面____，与水平投影面____，与侧投影面____。

2）判断直线段 HK 的种类：直线段 HK 为____线。

3）求直线上点 N 的未知投影。

课题三　平面的投影

1—3—1　补画平面的第三投影，并填空

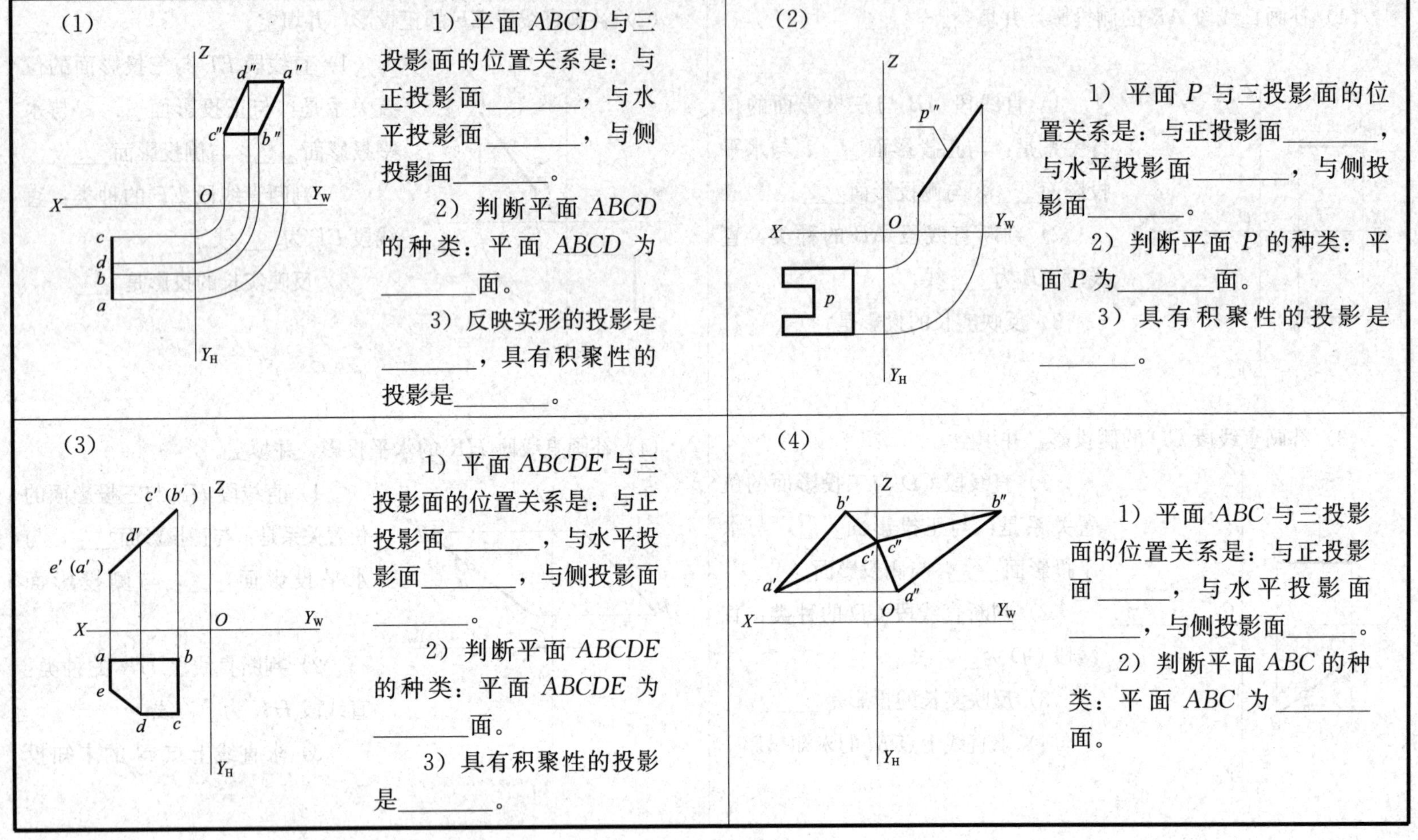

(1)

1）平面 *ABCD* 与三投影面的位置关系是：与正投影面________，与水平投影面________，与侧投影面________。

2）判断平面 *ABCD* 的种类：平面 *ABCD* 为________面。

3）反映实形的投影是________，具有积聚性的投影是________。

(2)

1）平面 *P* 与三投影面的位置关系是：与正投影面________，与水平投影面________，与侧投影面________。

2）判断平面 *P* 的种类：平面 *P* 为________面。

3）具有积聚性的投影是________。

(3)

1）平面 *ABCDE* 与三投影面的位置关系是：与正投影面________，与水平投影面________，与侧投影面________。

2）判断平面 *ABCDE* 的种类：平面 *ABCDE* 为________面。

3）具有积聚性的投影是________。

(4)

1）平面 *ABC* 与三投影面的位置关系是：与正投影面______，与水平投影面______，与侧投影面______。

2）判断平面 *ABC* 的种类：平面 *ABC* 为________面。

模块二　三　视　图

课题一　简单形体的三视图

2—1—1　参照立体图补全三视图

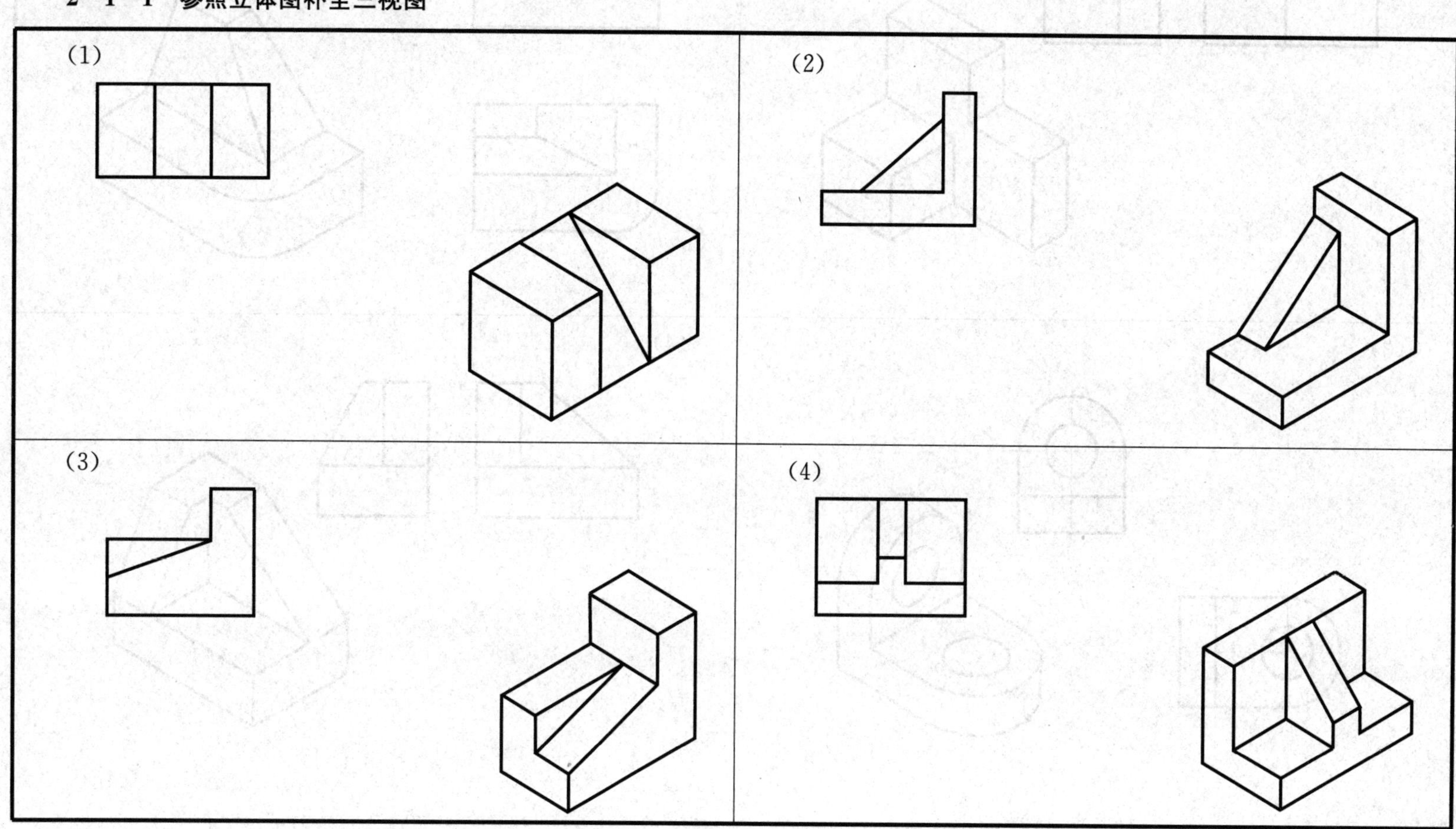

2—1—2　参照立体图，根据两视图补画第三视图

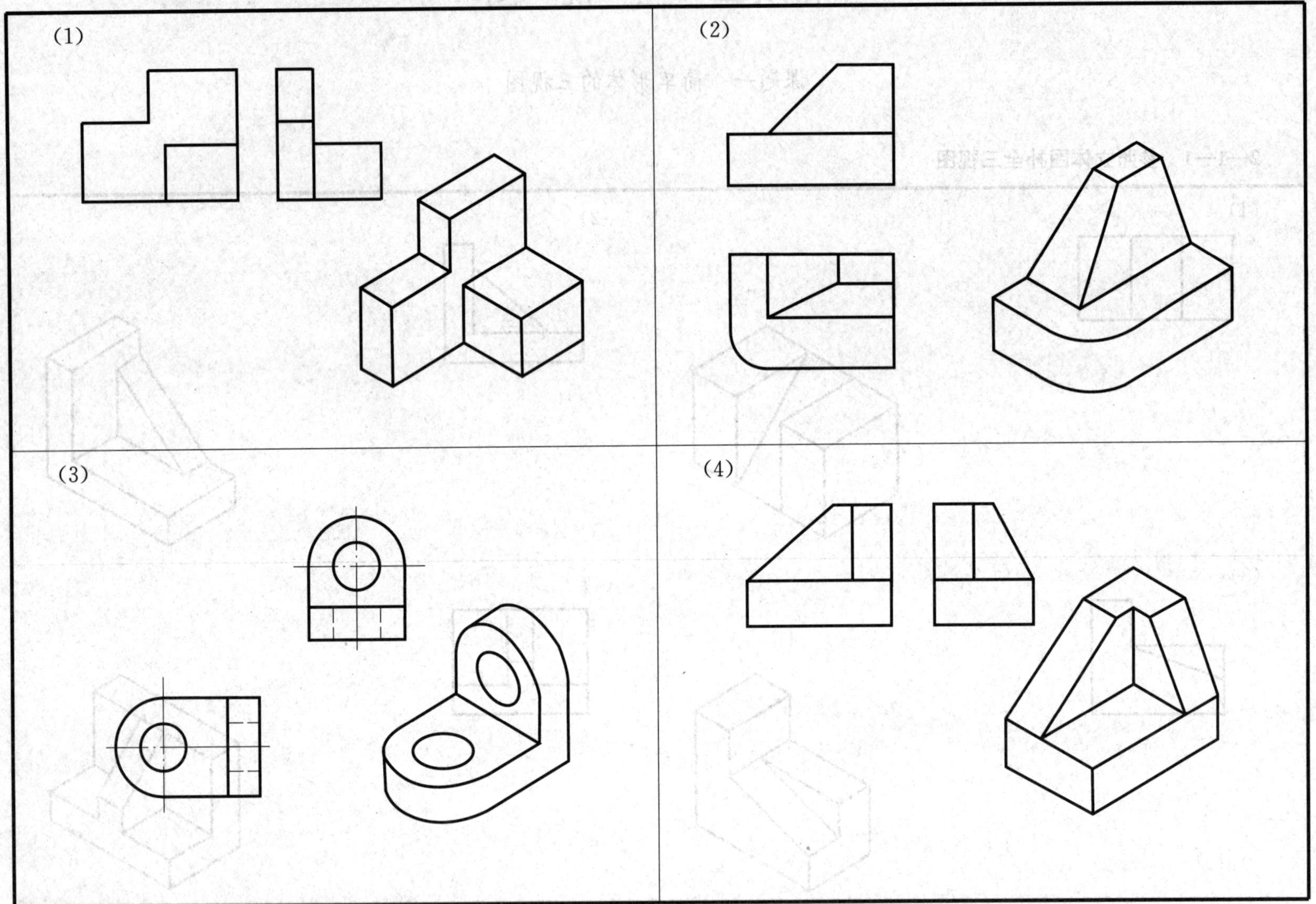

2—1—3　根据两视图补画第三视图

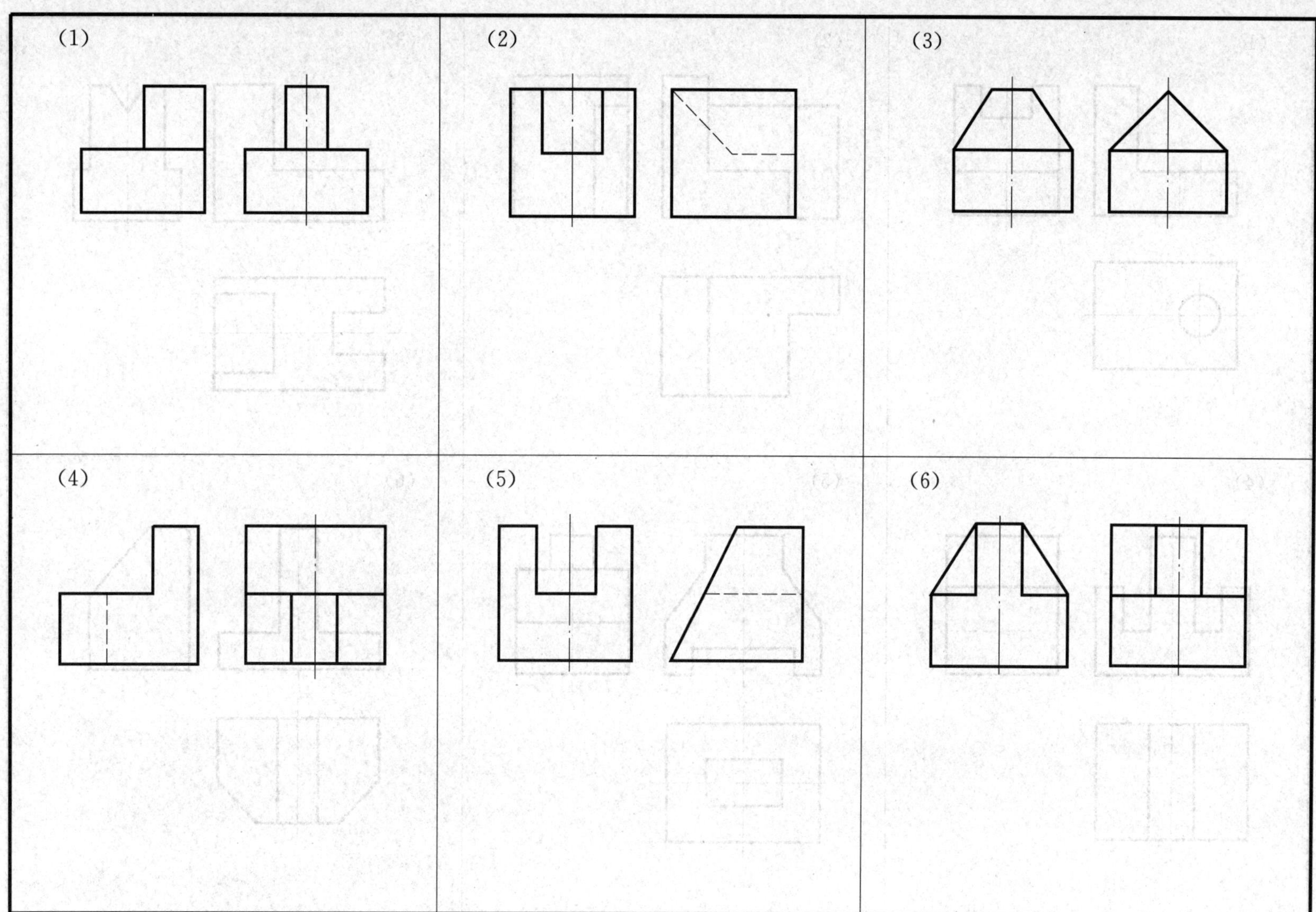

2—1—4　看懂视图，补画三视图中漏画的图线

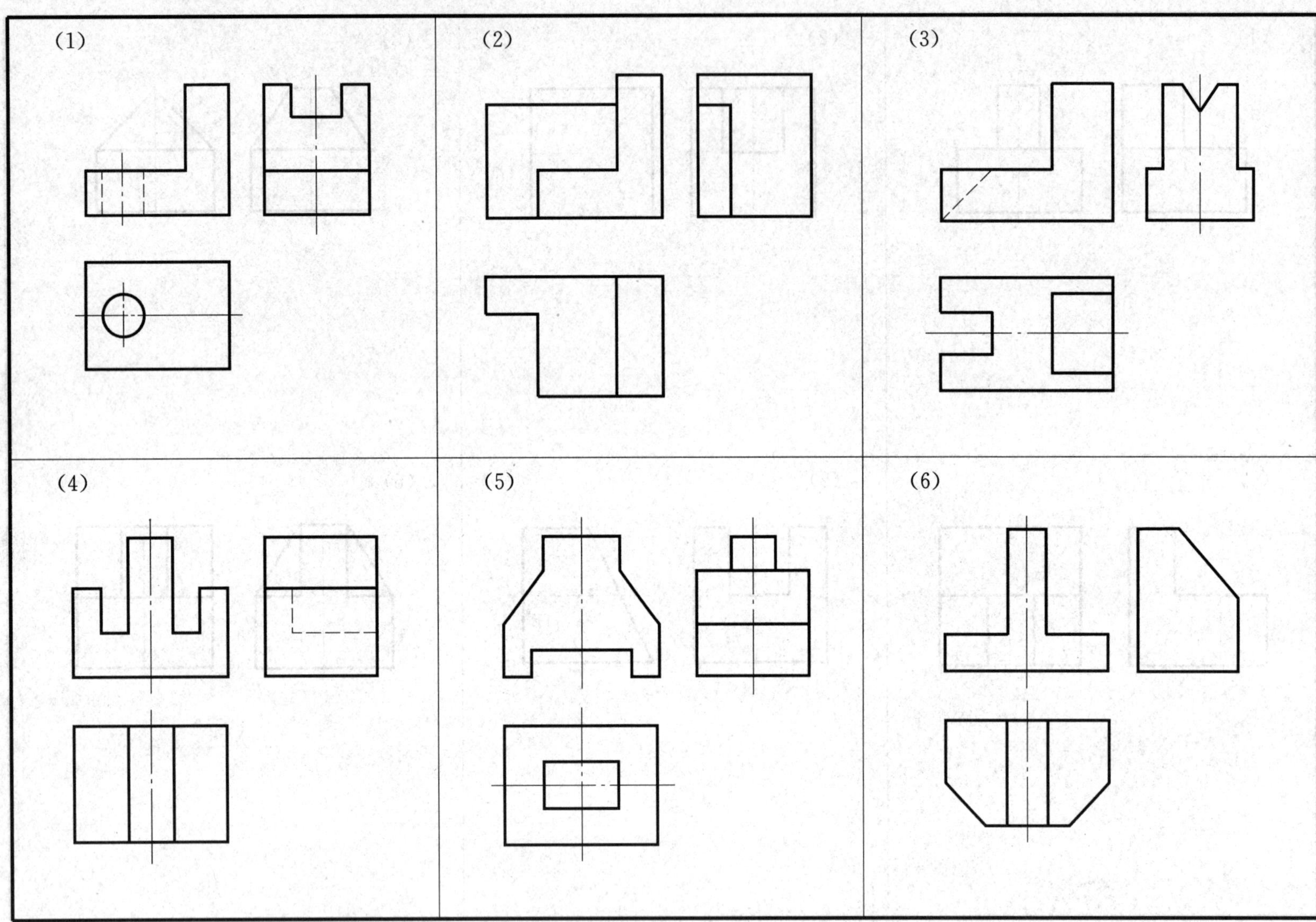

2—1—5　看懂视图，补画三视图中漏画的图线

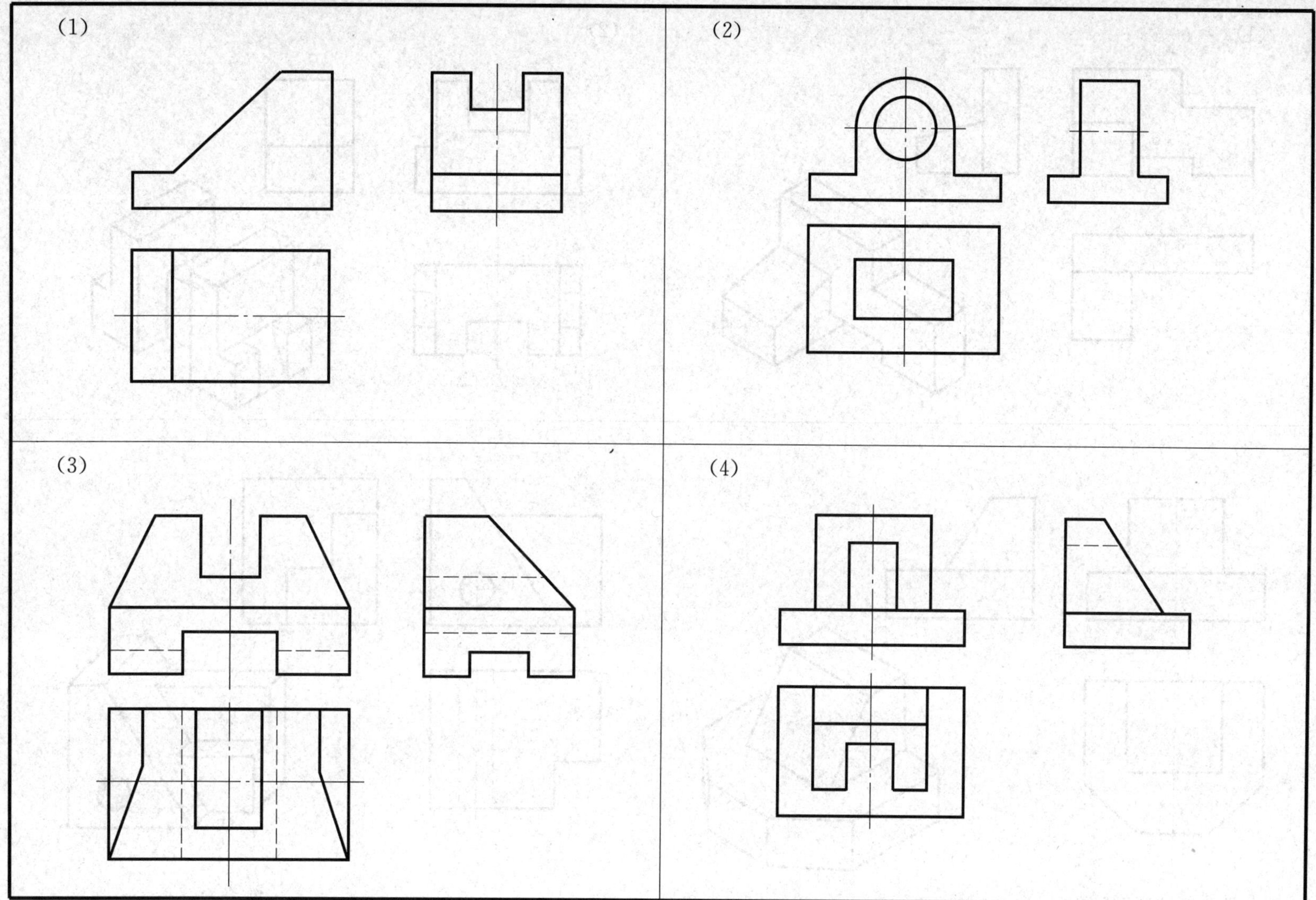

2—1—6　参照立体图，补画三视图中漏画的图线

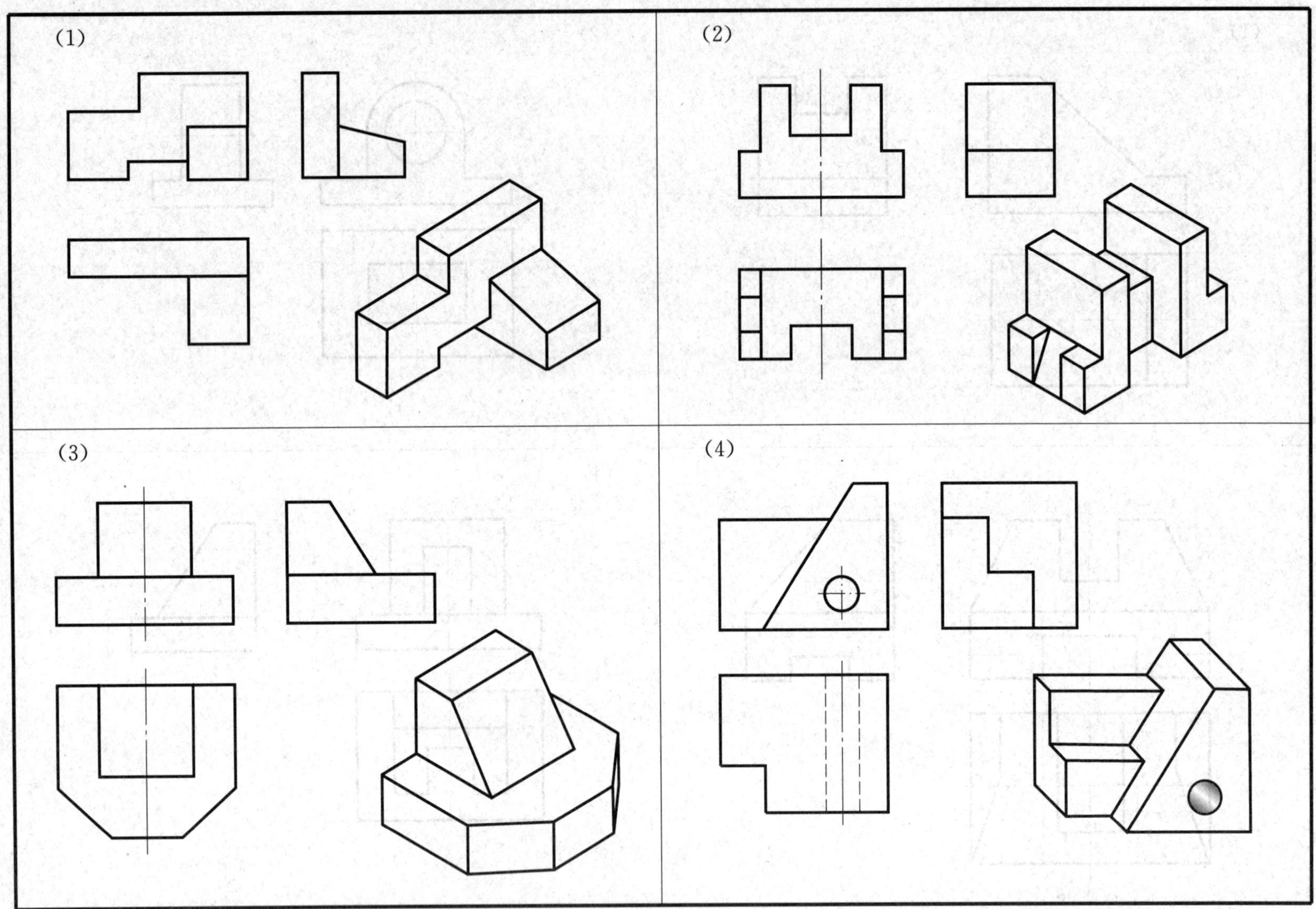

课题二　基本几何体的三视图

2—2—1　补画平面立体的三视图，并标注尺寸（尺寸从图中量取，取整数）

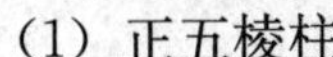

（1）正五棱柱

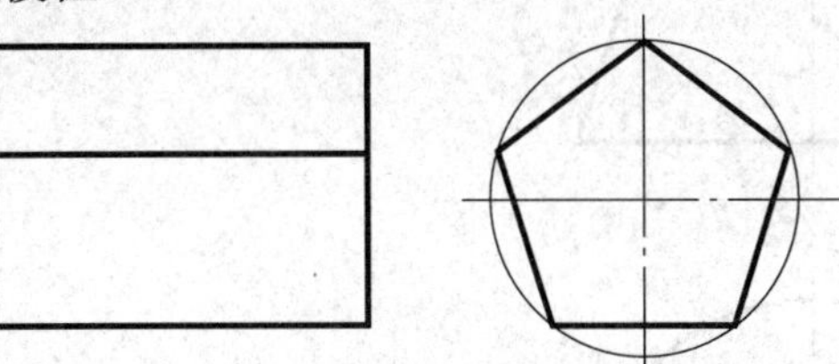

（2）正四棱锥

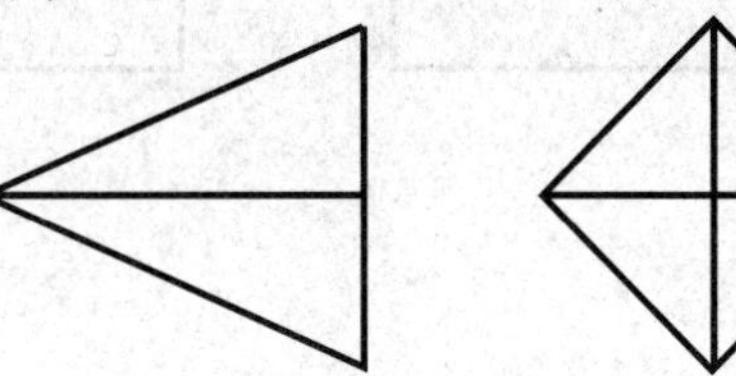

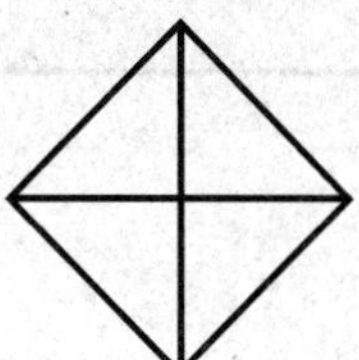

（3）正六棱锥

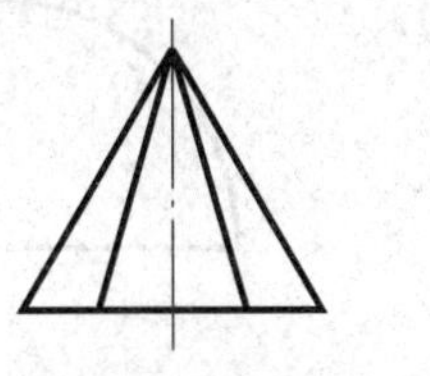

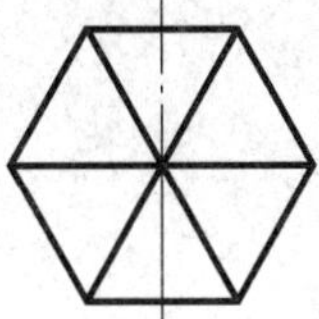

（4）四棱台

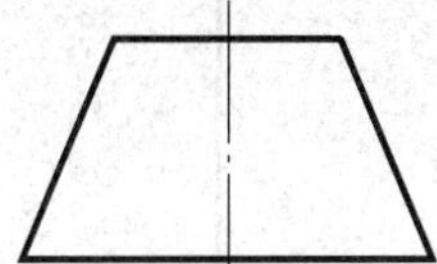

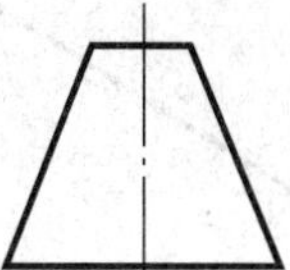

2—2—2　根据两视图，补画第三视图

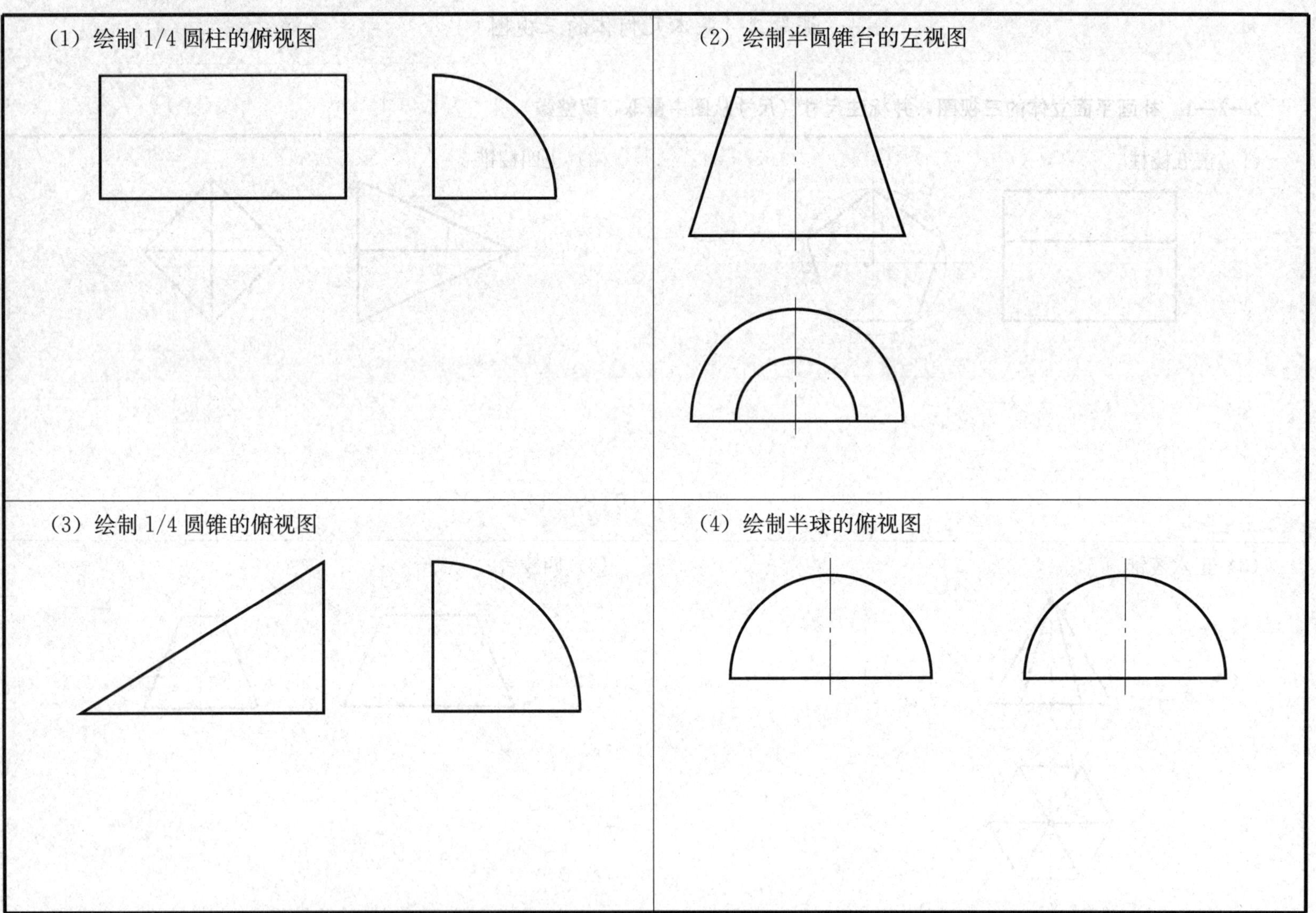

2—2—3　根据物体的两视图，补画第三视图

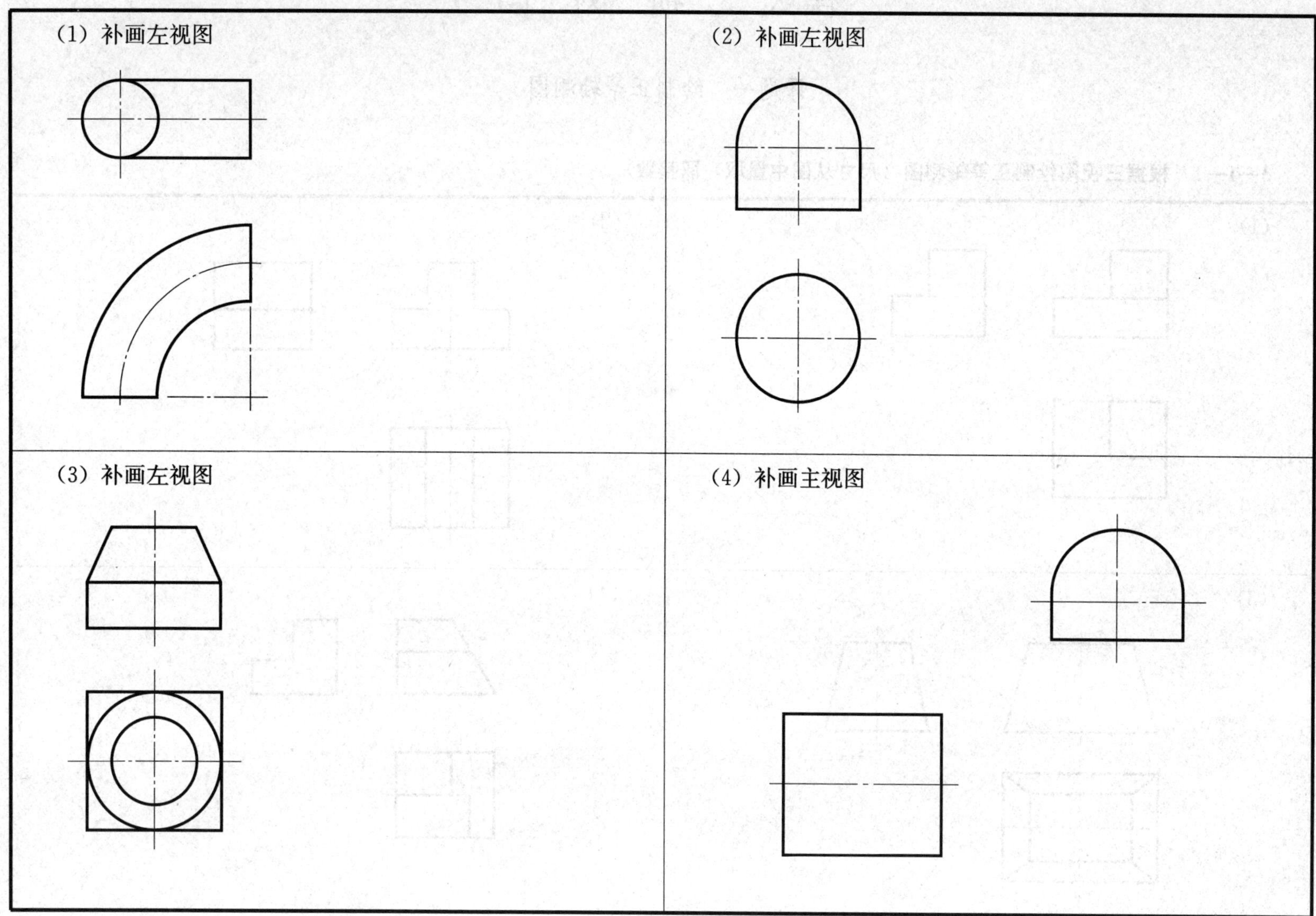

模块三 轴 测 图

课题一 绘制正等轴测图

3—1—1 根据三视图绘制正等轴测图（尺寸从图中量取，取整数）

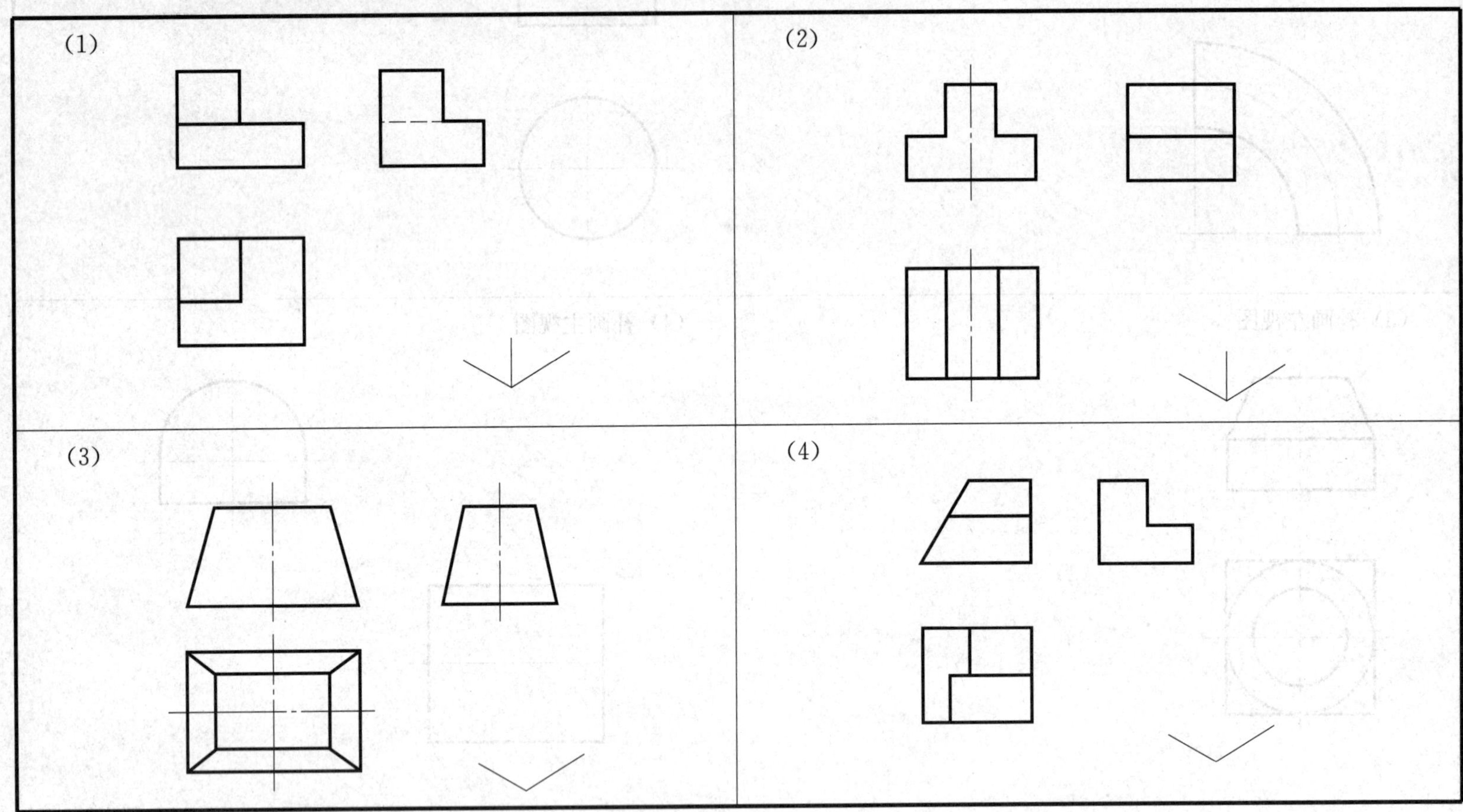

3—1—2　看懂两视图，绘制正等轴测图（尺寸从图中量取，取整数）

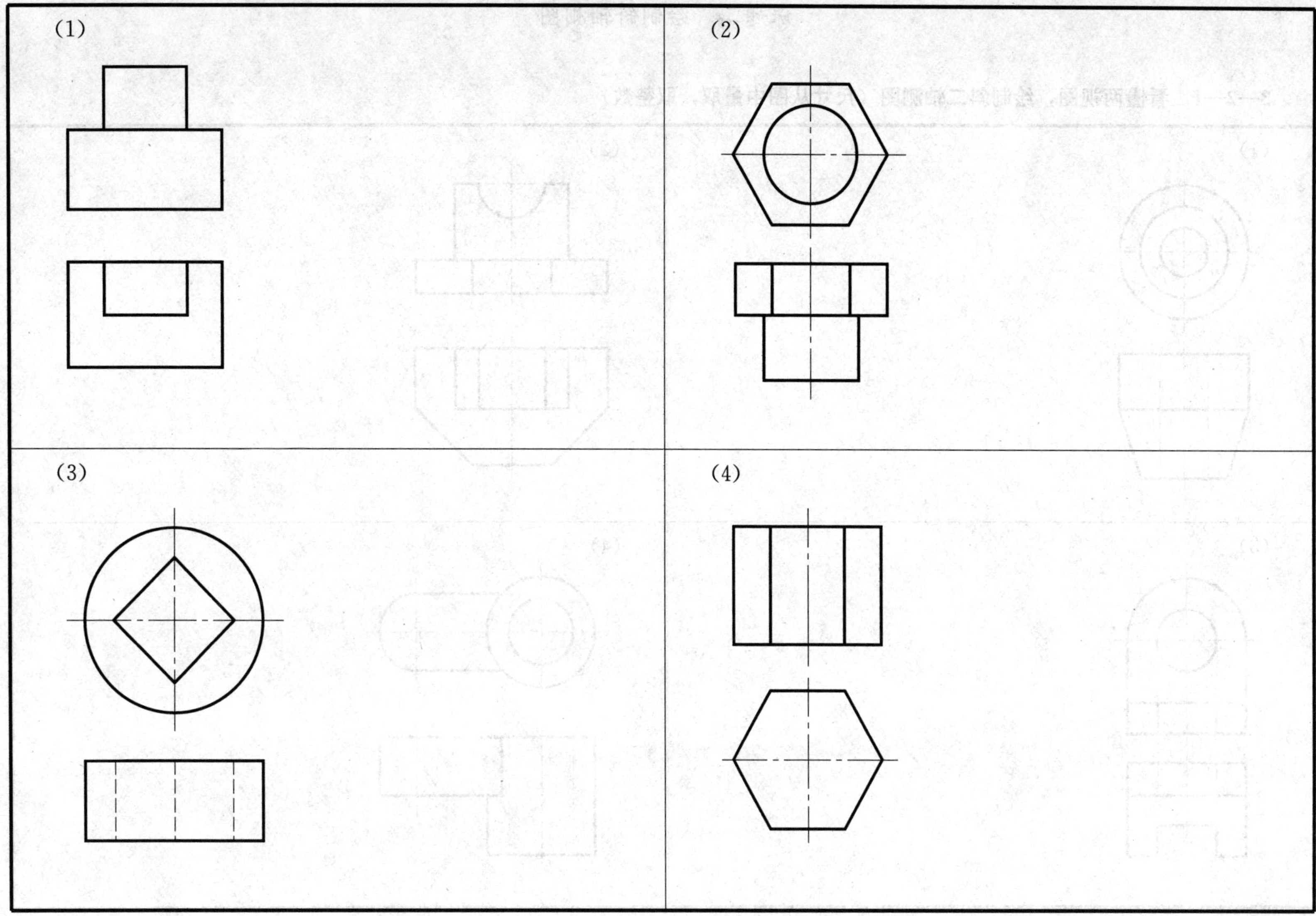

课题二　绘制斜轴测图

3—2—1　看懂两视图，绘制斜二轴测图（尺寸从图中量取，取整数）

(1)

(2)

(3)

(4)

模块四　截交线与相贯线

课题一　绘制截交线的投影

4—1—1　根据截割圆柱体的两视图，补画第三视图

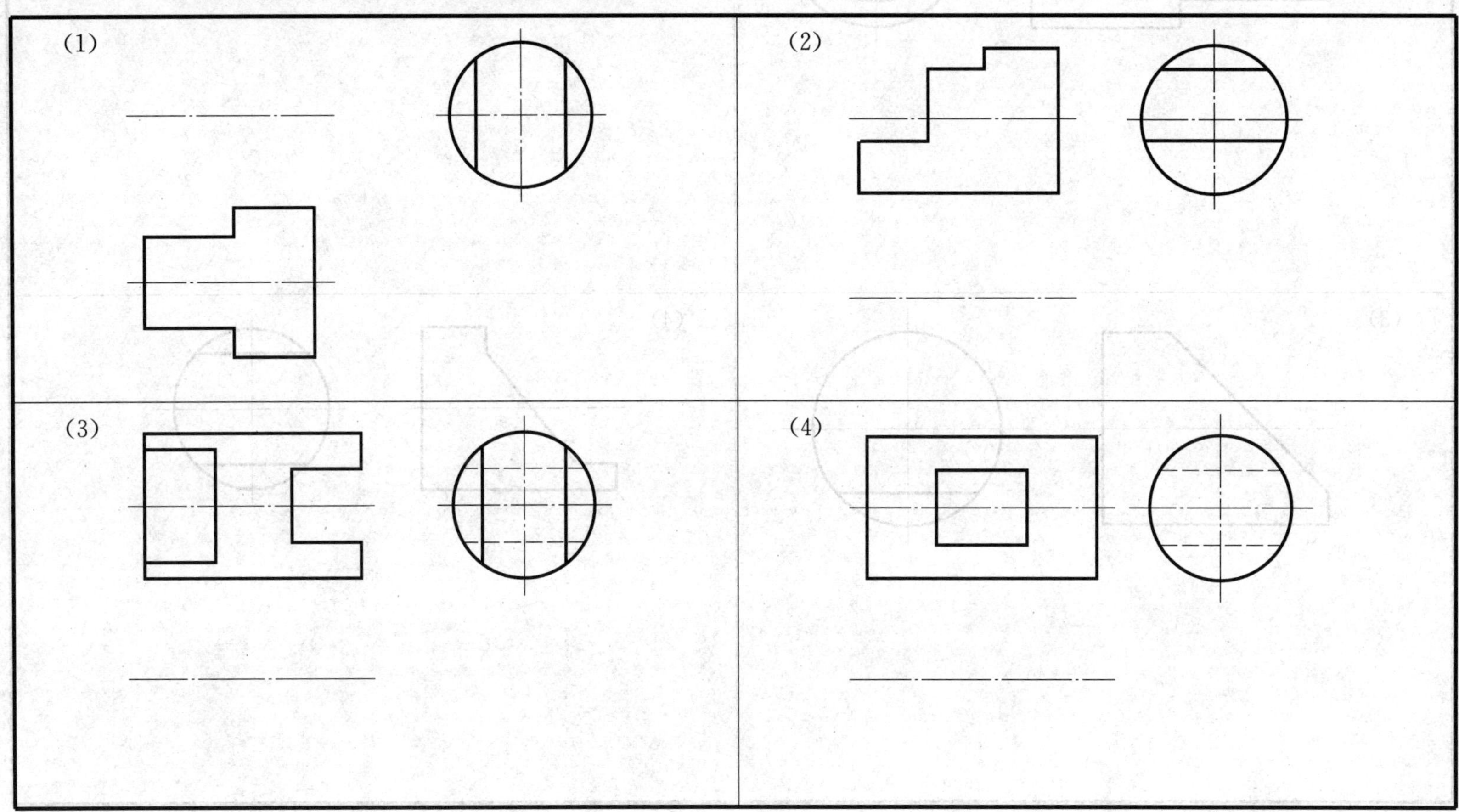

4—1—2　根据截割圆柱体的两视图，补画第三视图

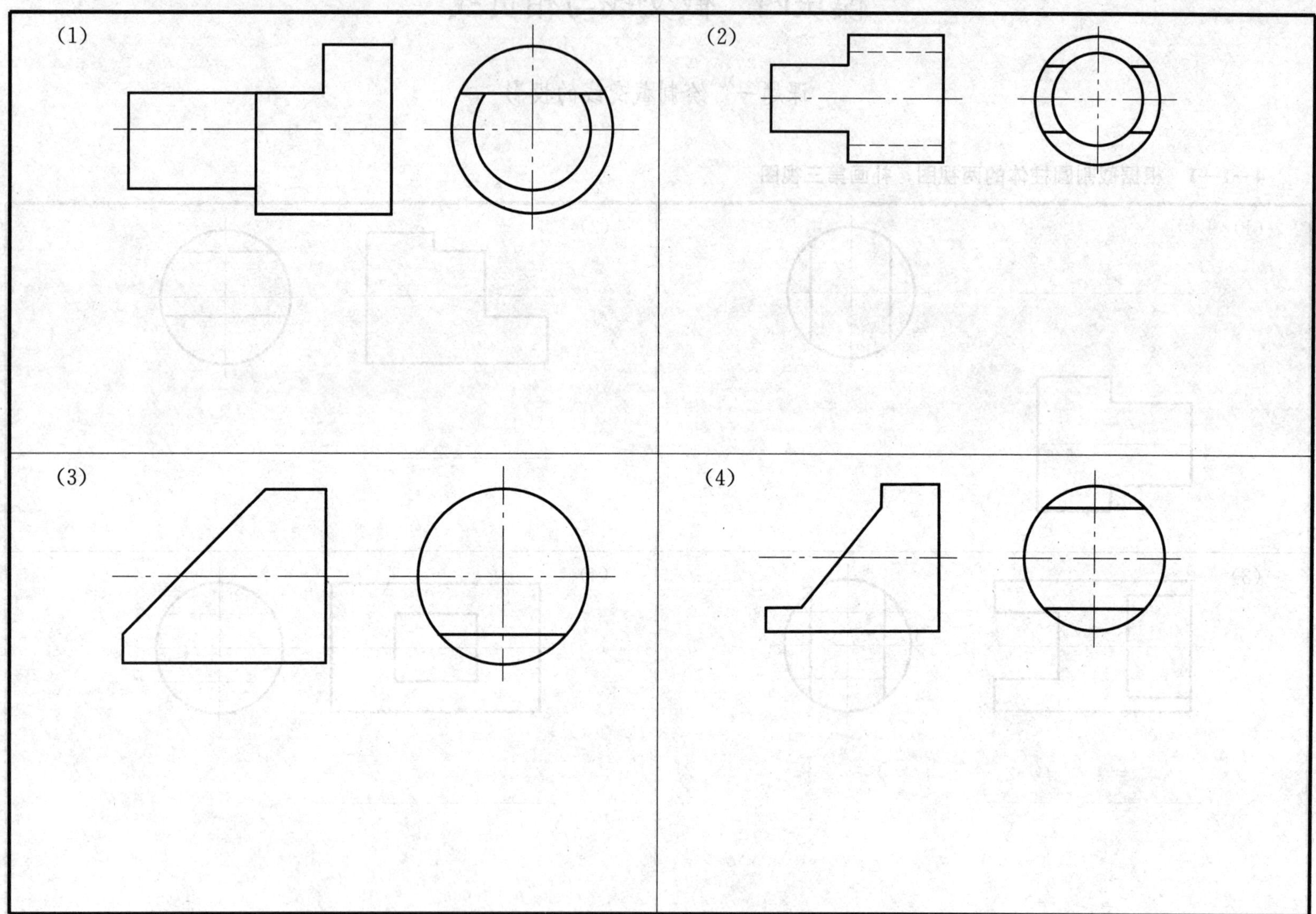

4—1—3　补画视图

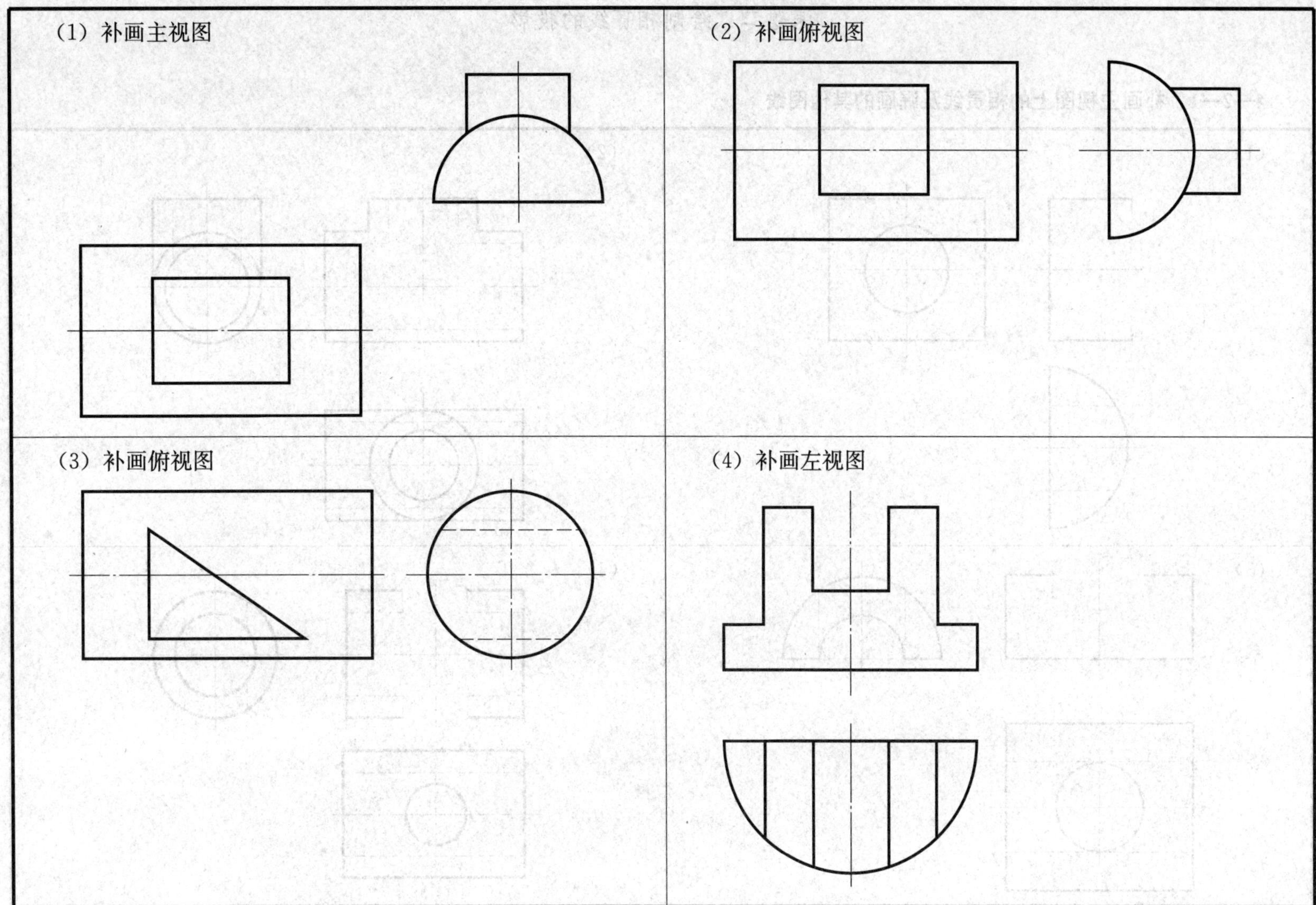

课题二　绘制相贯线的投影

4—2—1　补画主视图上的相贯线及漏画的其他图线

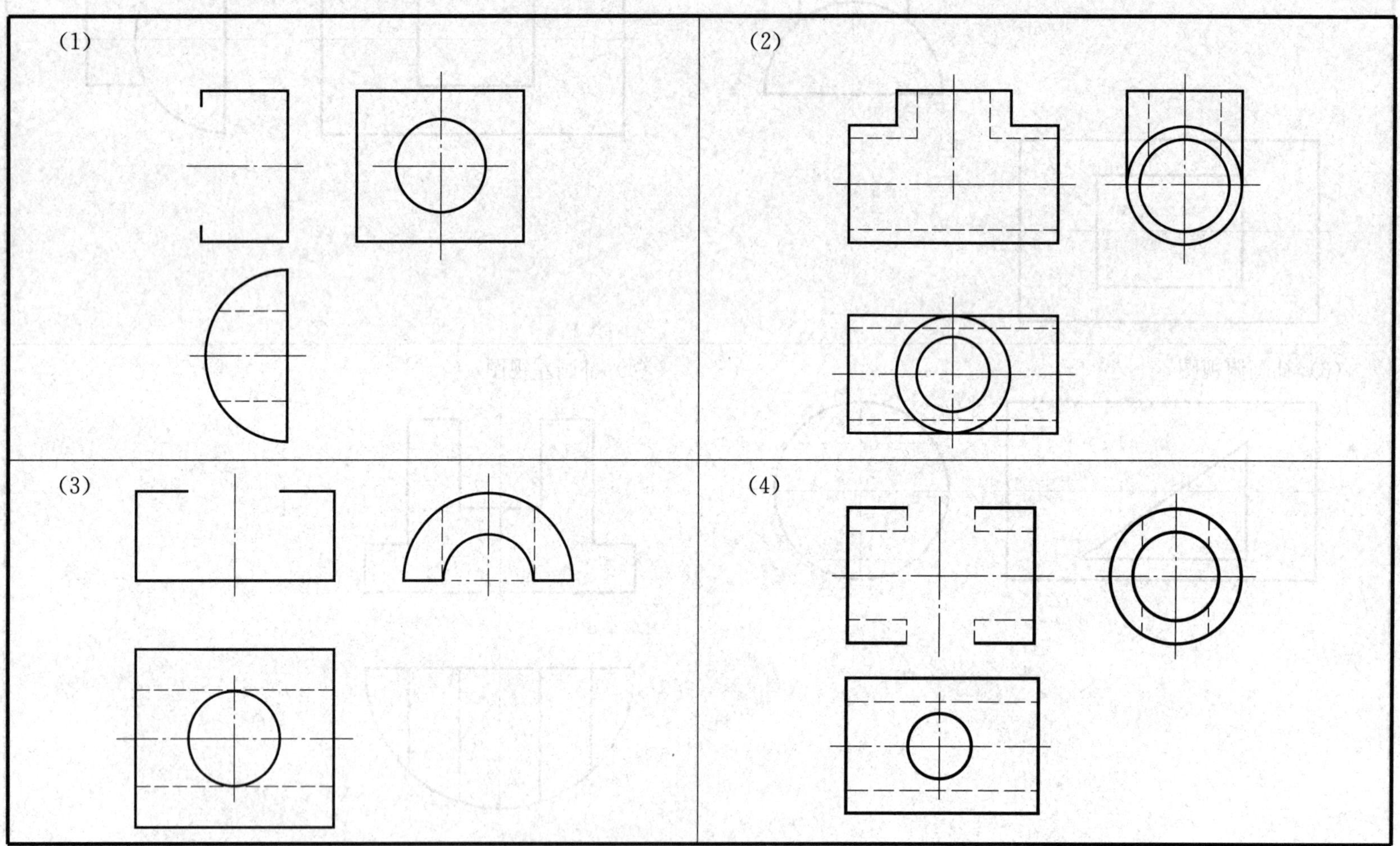

4—2—2 补画视图

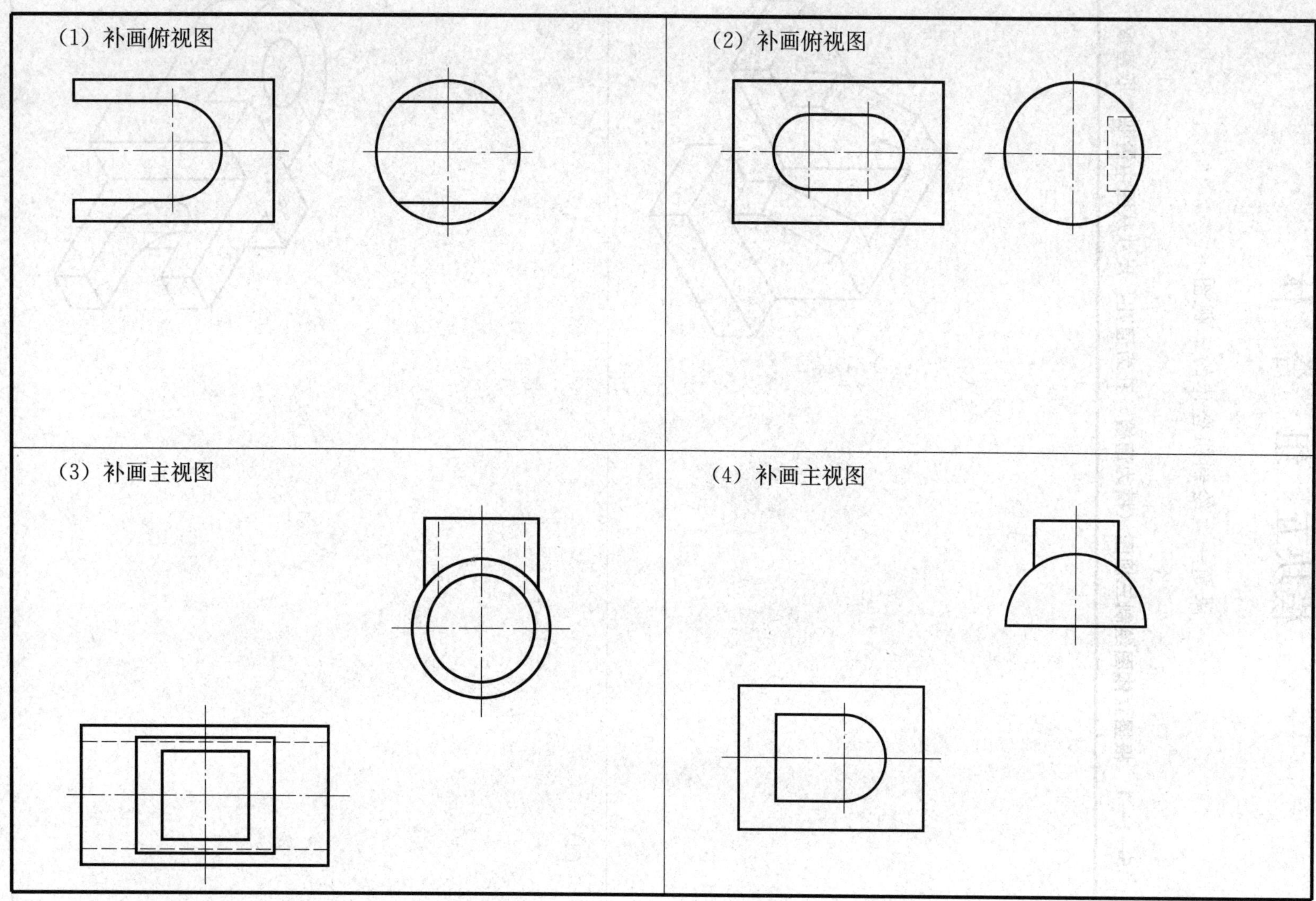

模块五 组 合 体

课题一 绘制组合体的三视图

5—1—1 根据立体图绘制三视图（槽为通槽，孔为通孔，尺寸从图中量取，取整数）

（1）

（2）

5—1—2 根据立体图绘制三视图（槽为通槽，孔为通孔，尺寸从图中量取，取整数）

（1）

（2）

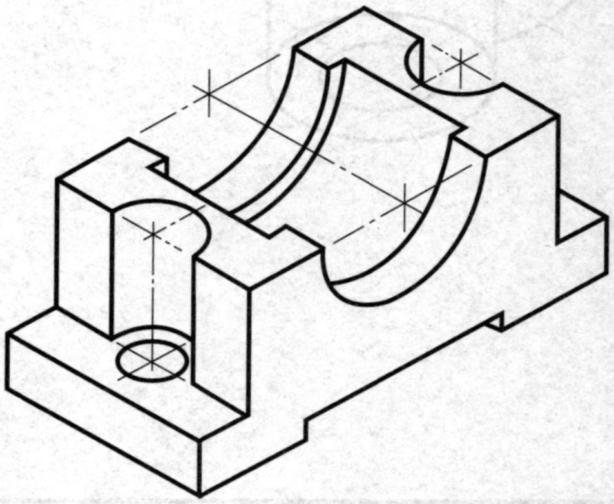

5—1—3　根据立体图绘制三视图（槽为通槽，孔为通孔，尺寸从图中量取，取整数）

（1）

（2）

5—1—4　根据立体图绘制三视图（槽为通槽，孔为通孔，尺寸从图中量取，取整数）

（1）

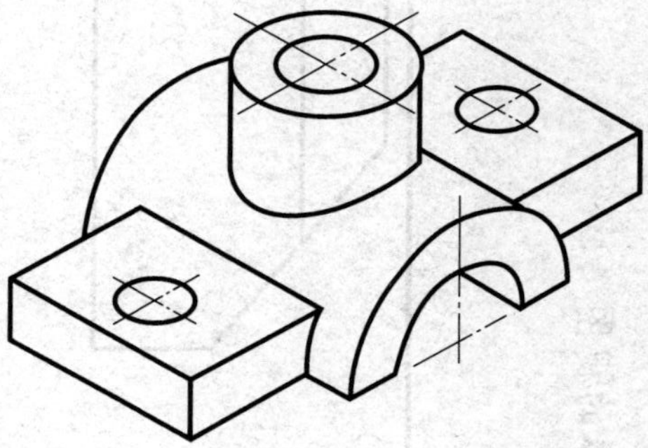

（2）

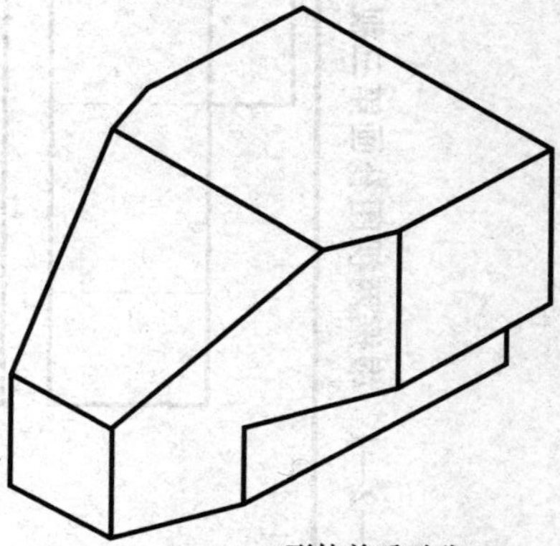

(形体前后对称)

课题二　识读组合体的视图

5—2—1　根据两视图补画第三视图

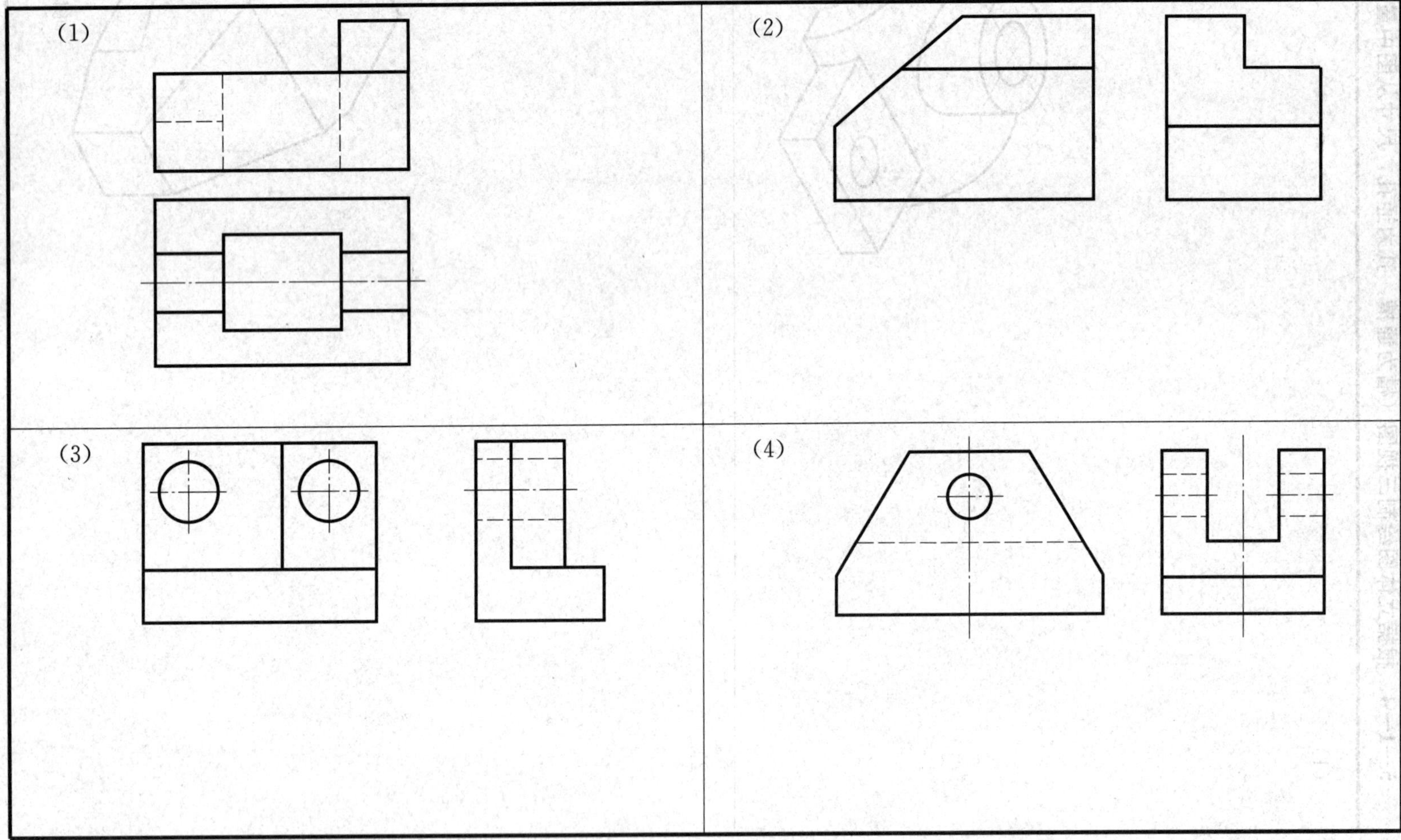

5—2—2　根据两视图补画第三视图

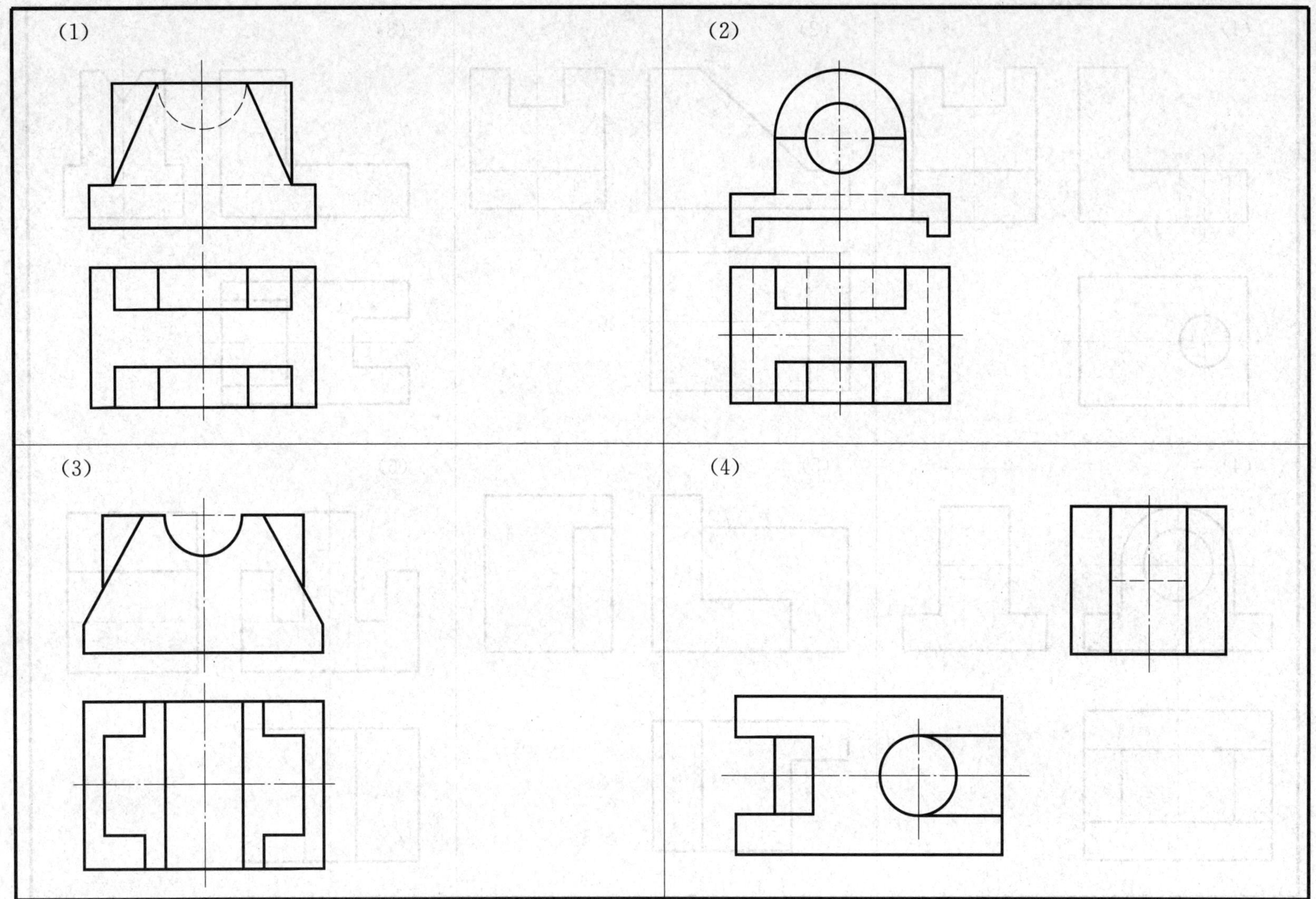

5—2—3　看懂视图，补画三视图中漏画的图线

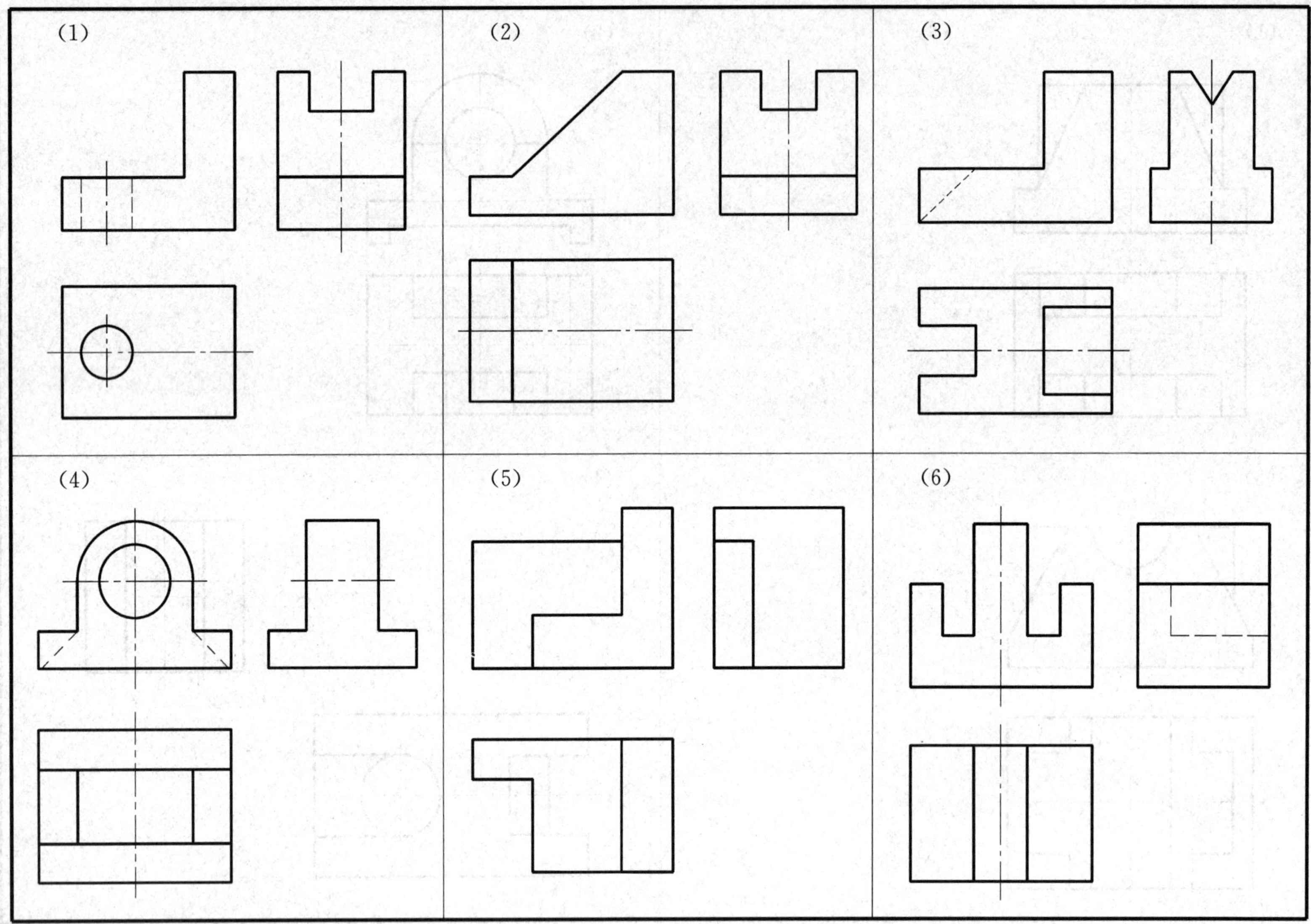

5—2—4 根据两视图补画第三视图

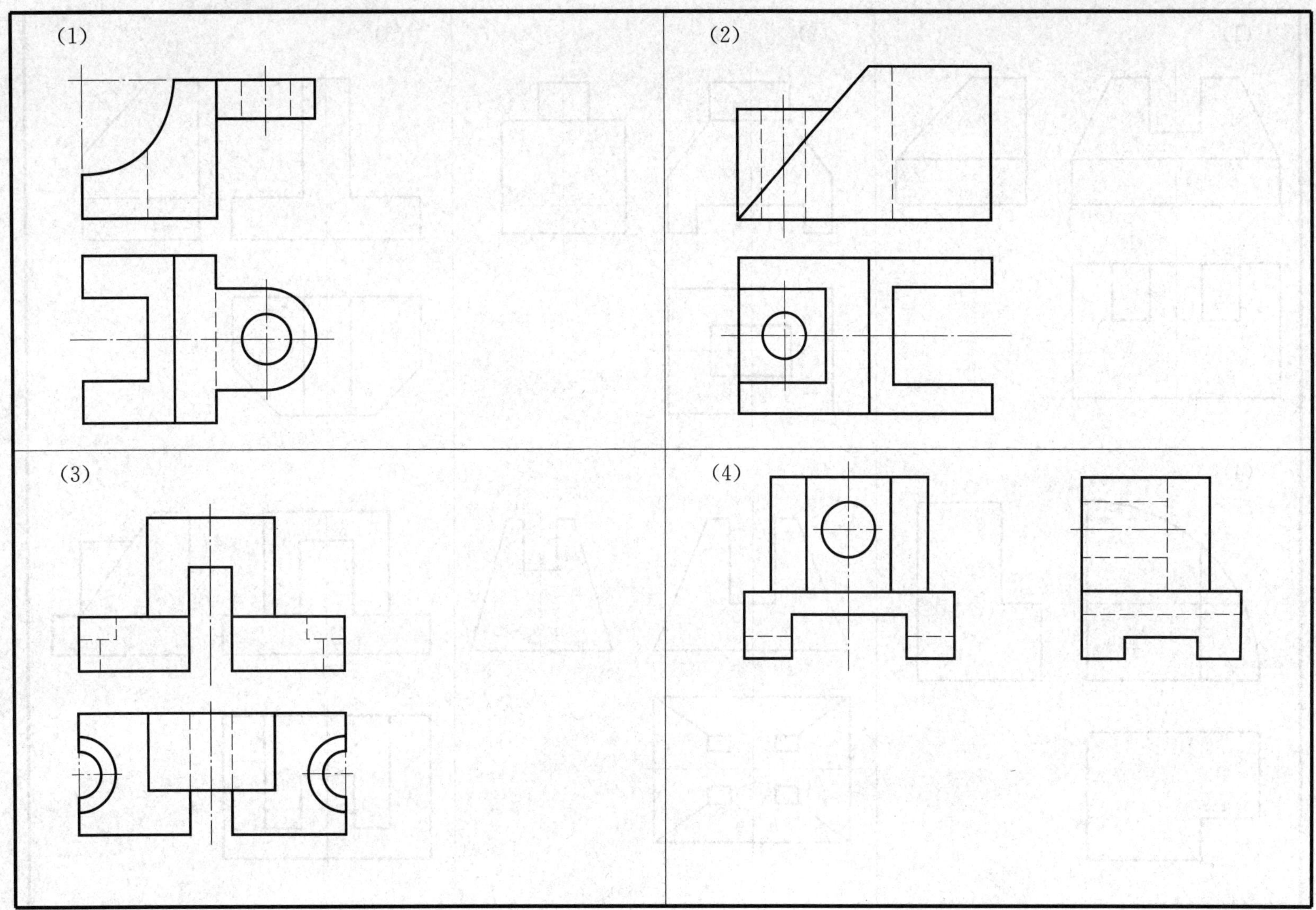

5—2—5　看懂视图，补画三视图中漏画的图线

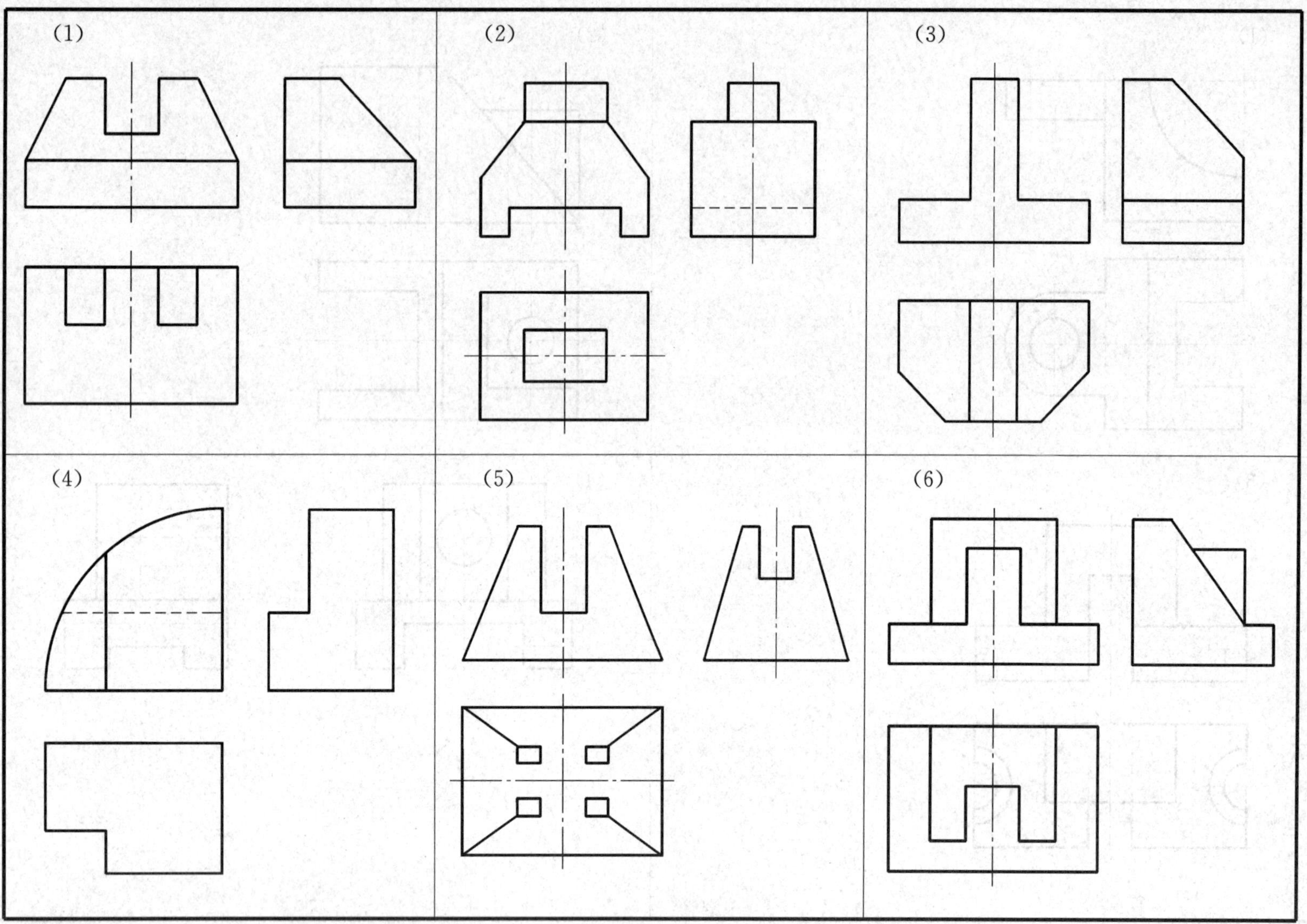

5—2—6 根据两视图补画第三视图

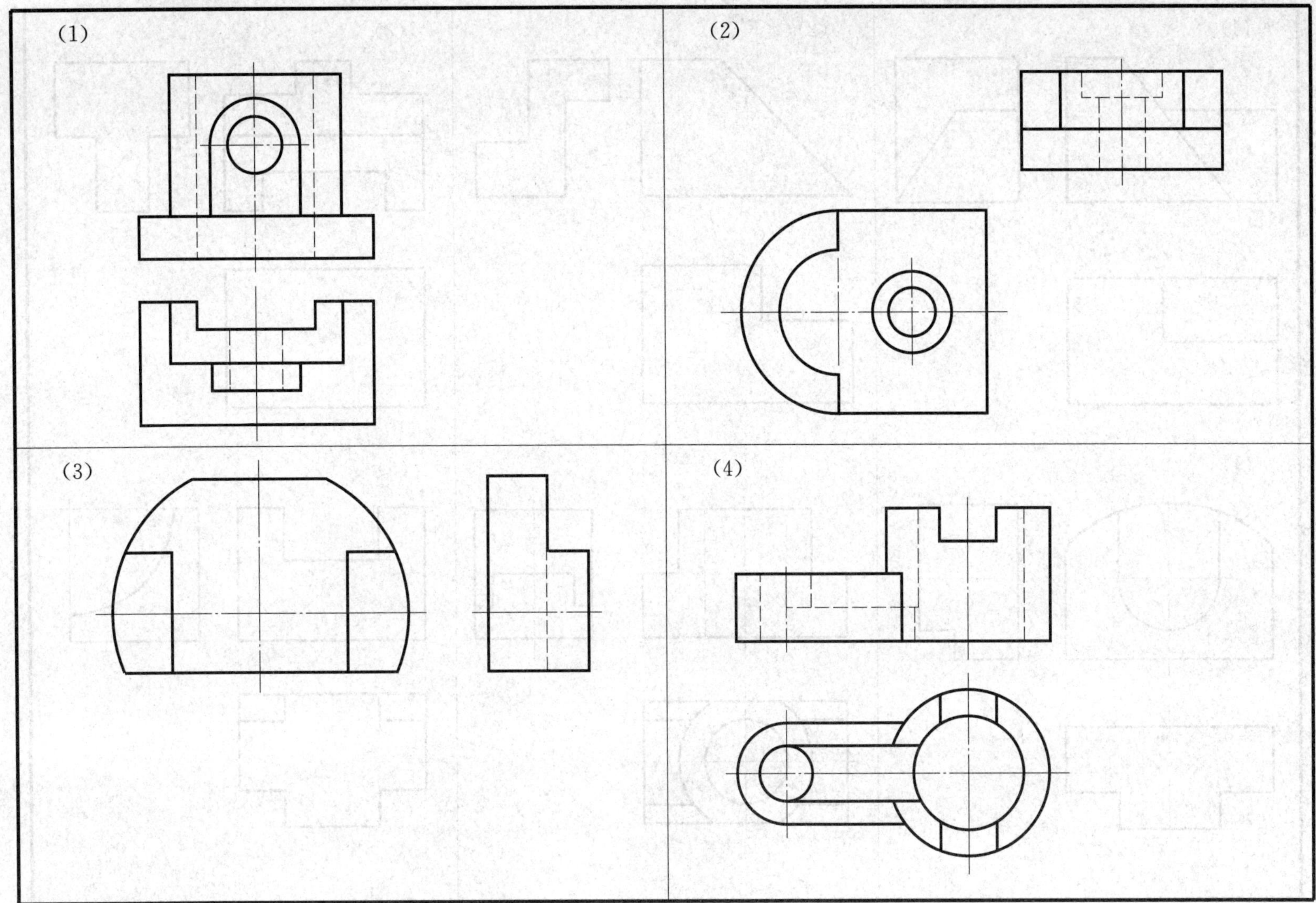

5—2—7　补画三视图中的缺线

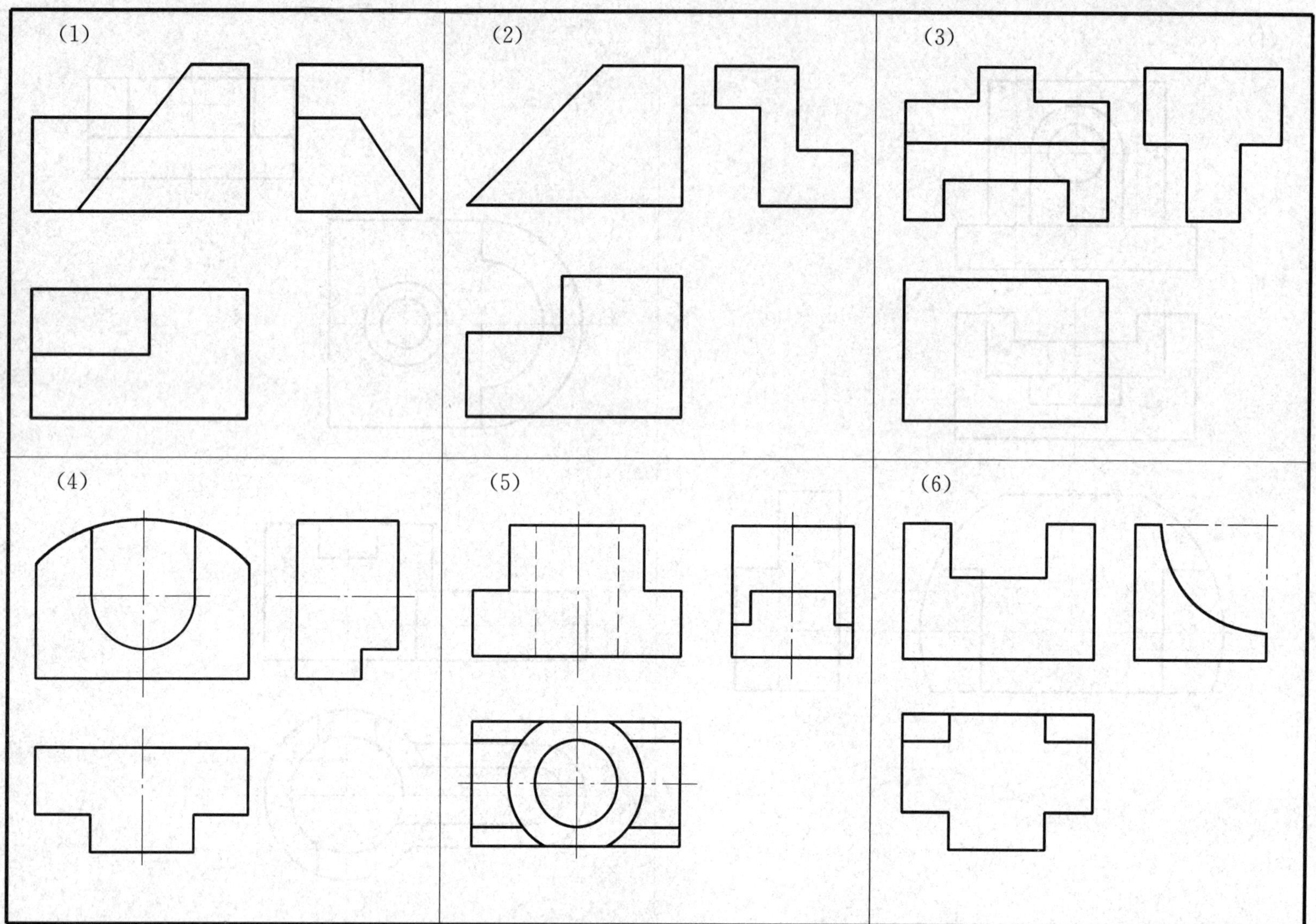

课题三　绘制组合体的尺寸标注

5—3—1　识读组合体三视图上的尺寸，并填空

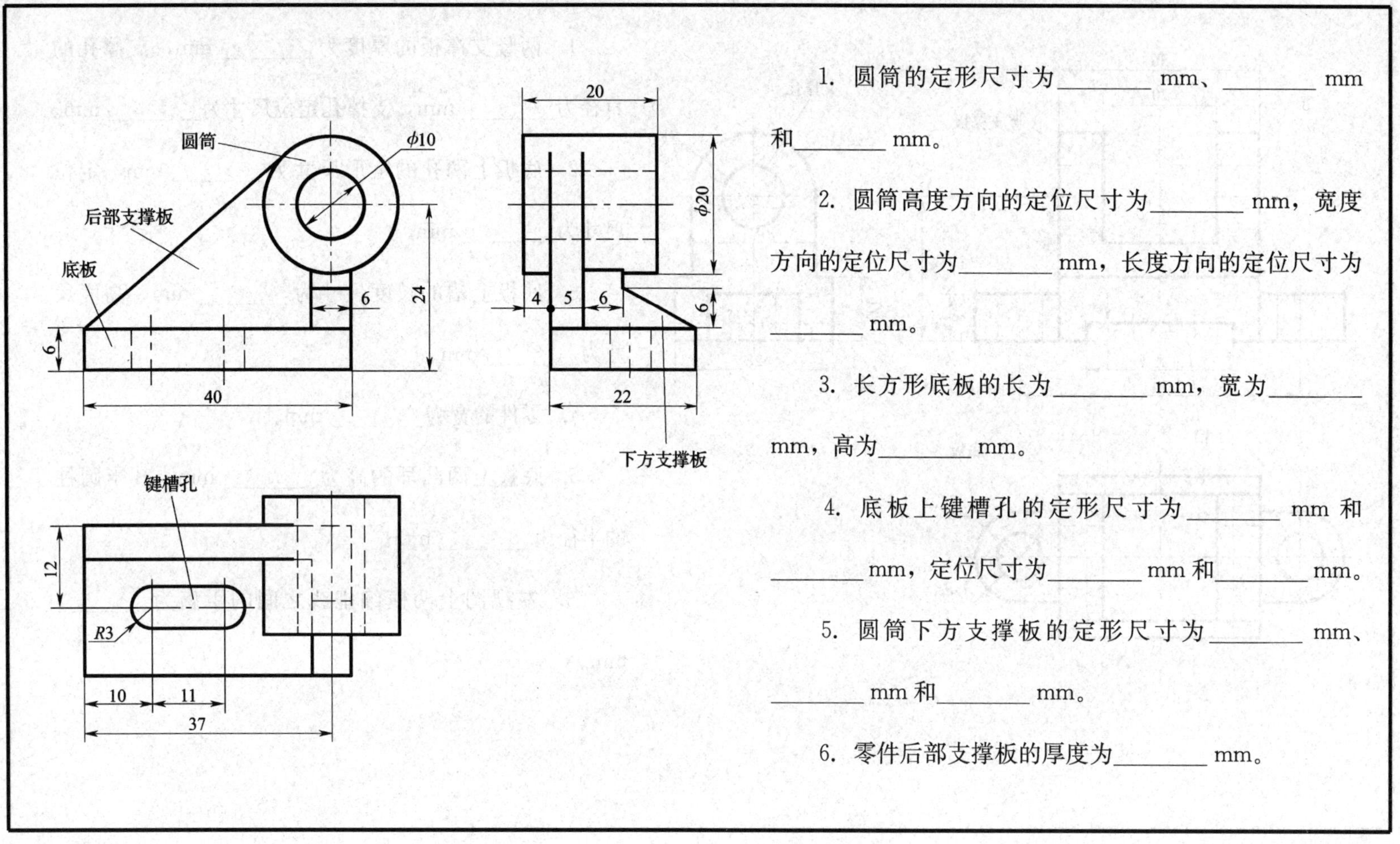

1. 圆筒的定形尺寸为________ mm、________ mm 和________ mm。

2. 圆筒高度方向的定位尺寸为________ mm，宽度方向的定位尺寸为________ mm，长度方向的定位尺寸为________ mm。

3. 长方形底板的长为________ mm，宽为________ mm，高为________ mm。

4. 底板上键槽孔的定形尺寸为________ mm 和________ mm，定位尺寸为________ mm 和________ mm。

5. 圆筒下方支撑板的定形尺寸为________ mm、________ mm 和________ mm。

6. 零件后部支撑板的厚度为________ mm。

5—3—2　识读组合体三视图上的尺寸，并填空

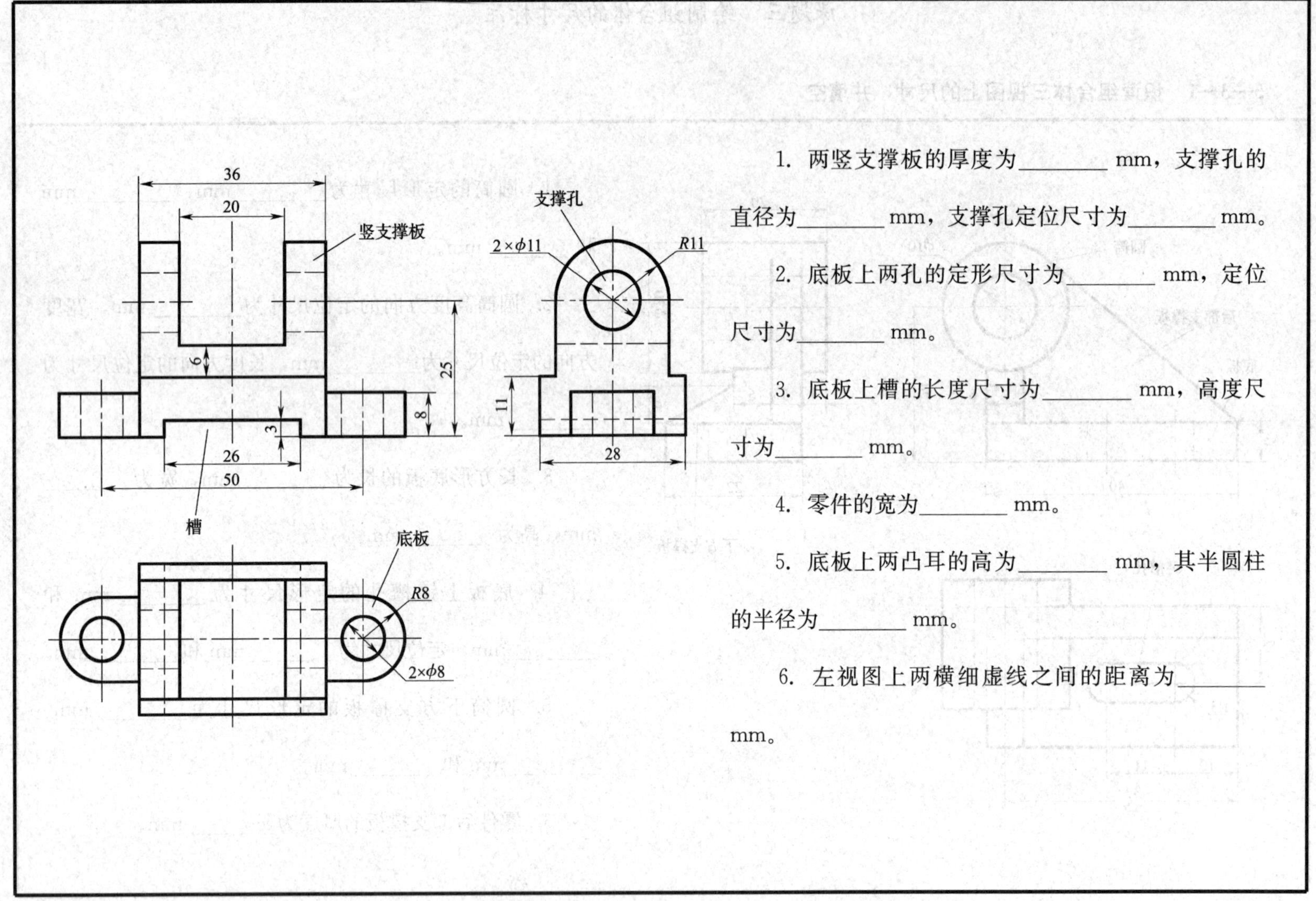

1. 两竖支撑板的厚度为________ mm，支撑孔的直径为________ mm，支撑孔定位尺寸为________ mm。

2. 底板上两孔的定形尺寸为________ mm，定位尺寸为________ mm。

3. 底板上槽的长度尺寸为________ mm，高度尺寸为________ mm。

4. 零件的宽为________ mm。

5. 底板上两凸耳的高为________ mm，其半圆柱的半径为________ mm。

6. 左视图上两横细虚线之间的距离为________ mm。

5—3—3　在视图上标注尺寸（尺寸从图中量取，取整数）

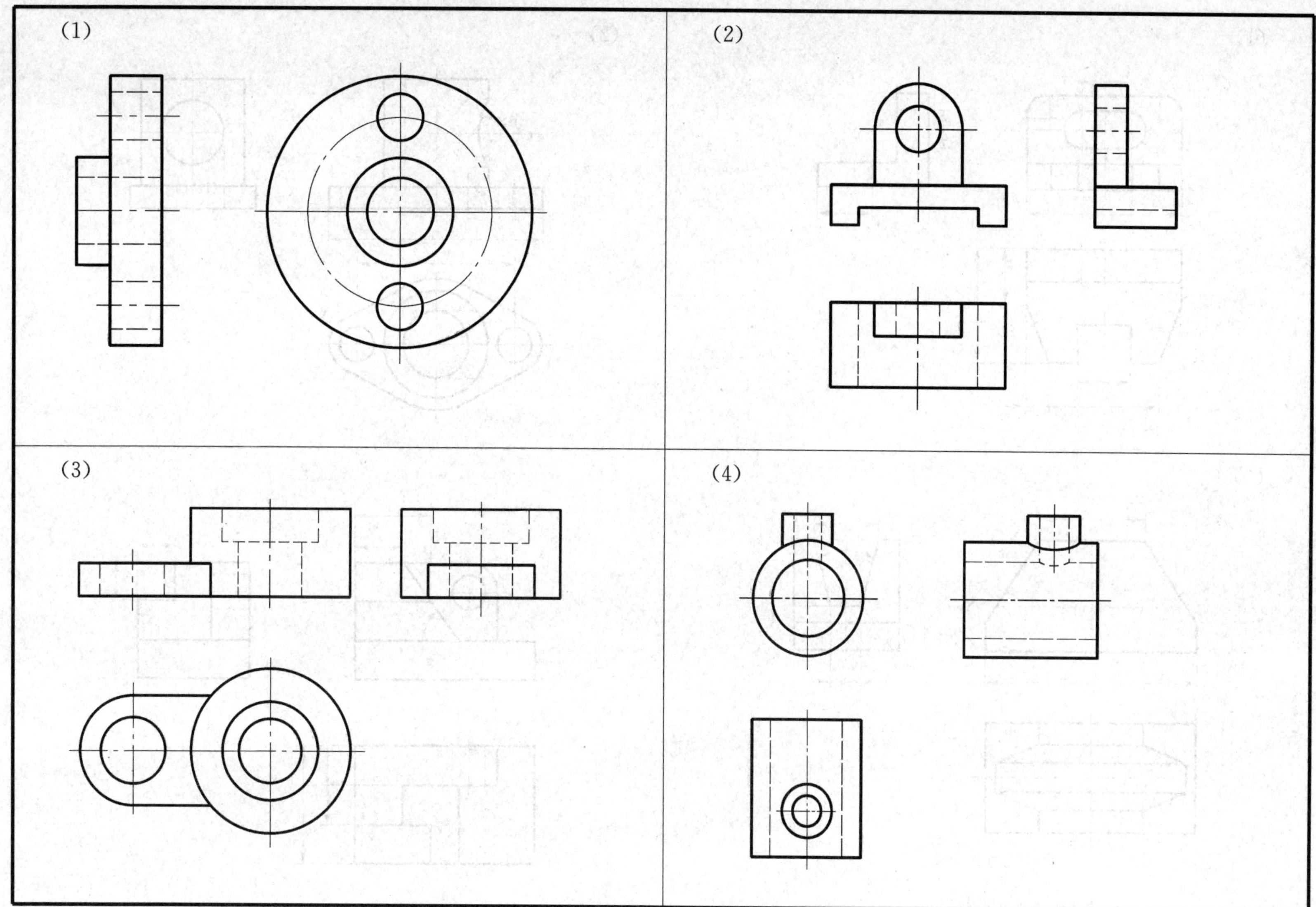

5—3—4　指出图中重复或错误的尺寸（画“×”），填写已注尺寸的尺寸数字，标注遗漏的尺寸（尺寸从图中量取，取整数）

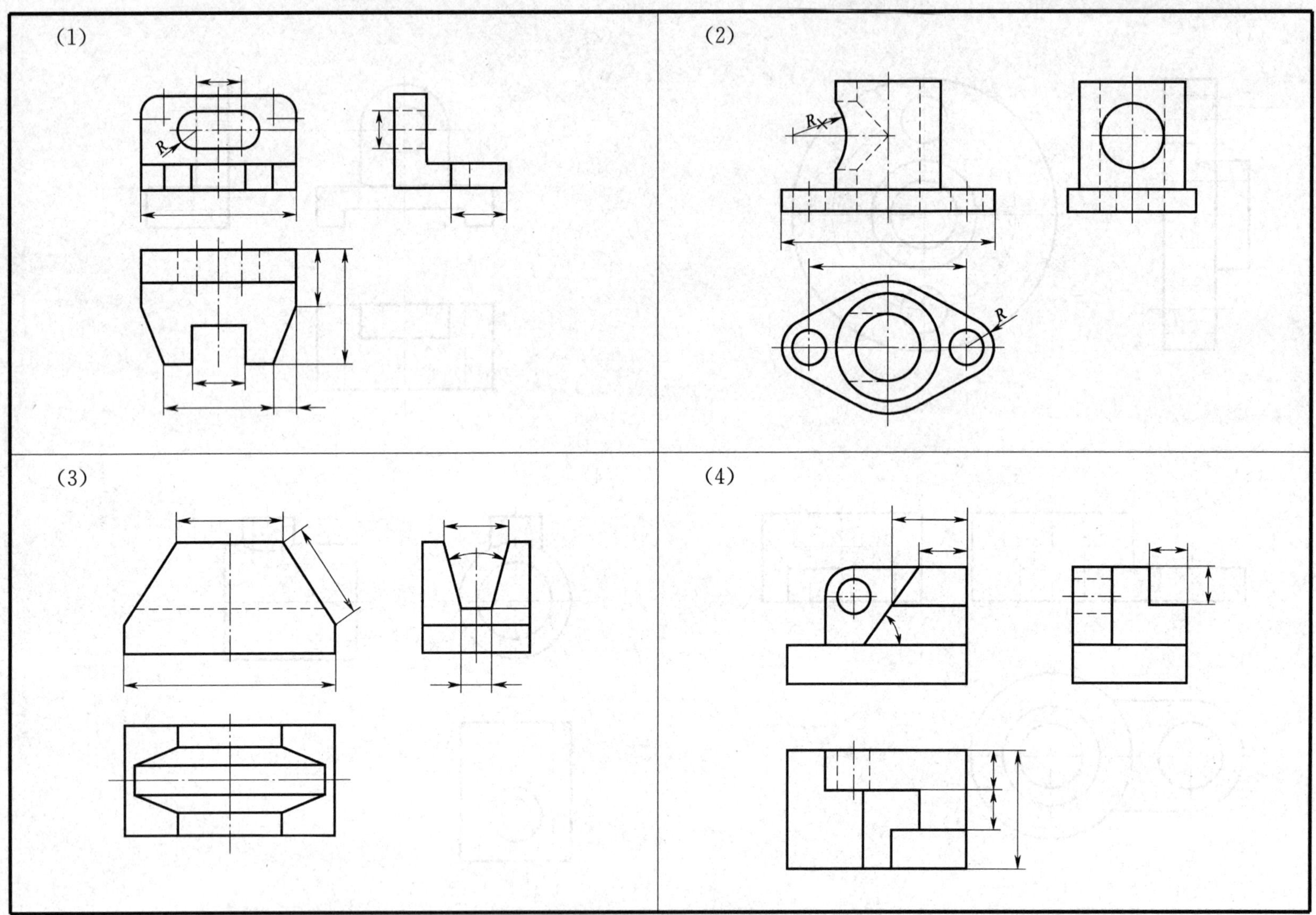

5—3—5　看懂两视图，标注尺寸（尺寸从图中量取，取整数）

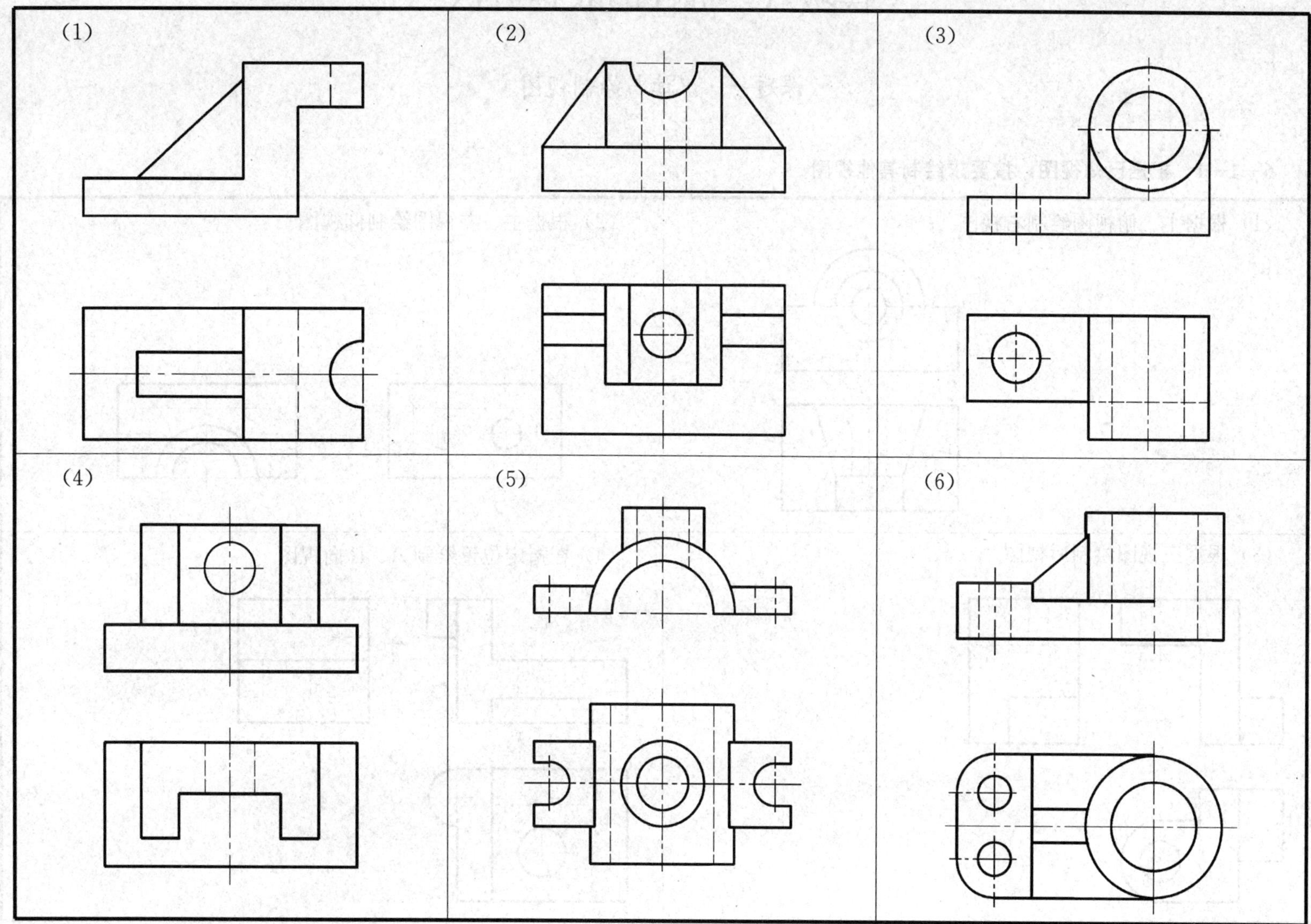

模块六　机件的表达方法

课题一　识读与绘制视图

6—1—1　根据已知视图，按要求绘制其他视图

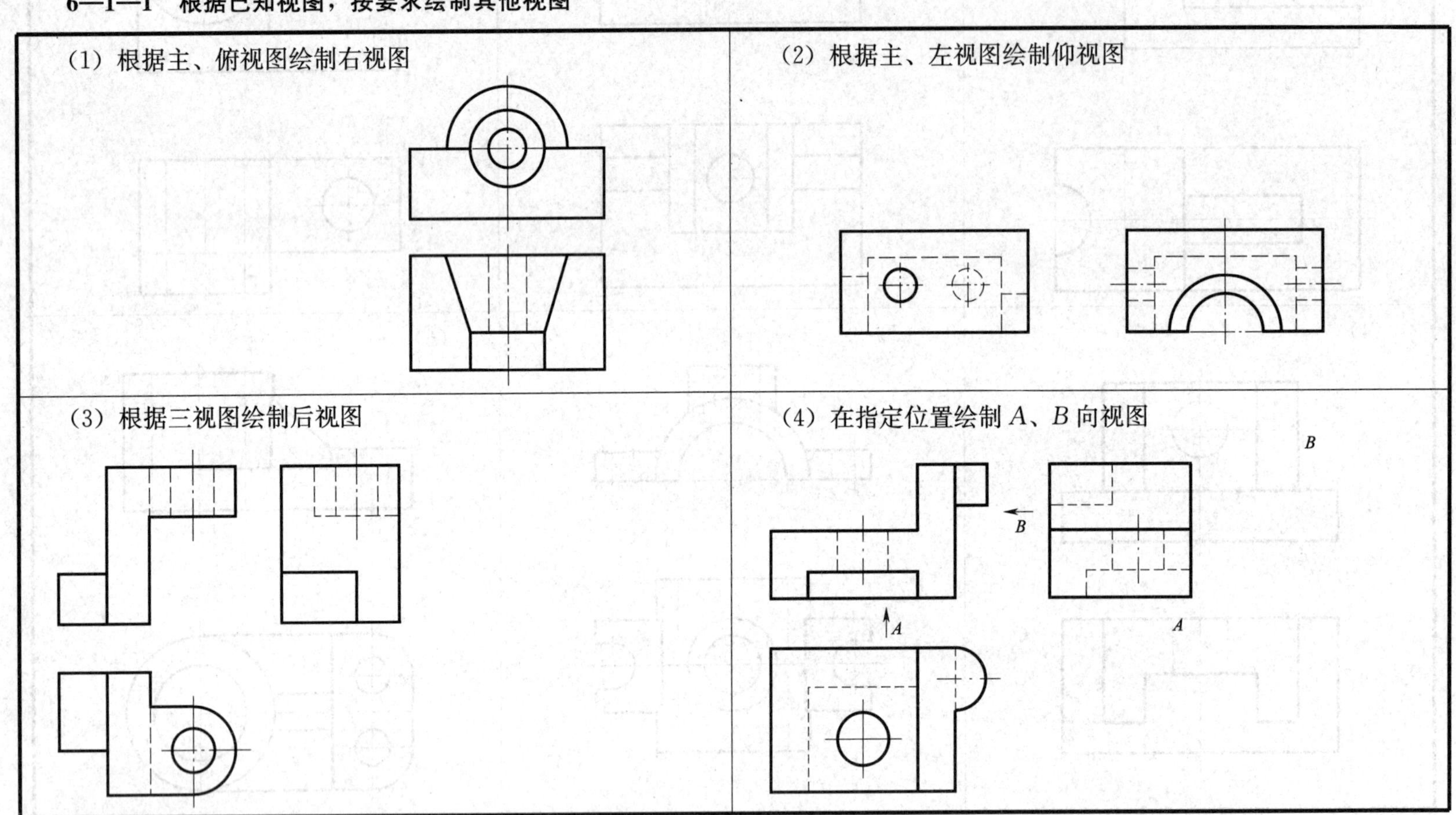

6—1—2　根据主、俯、左三视图，补画右、后、仰视图

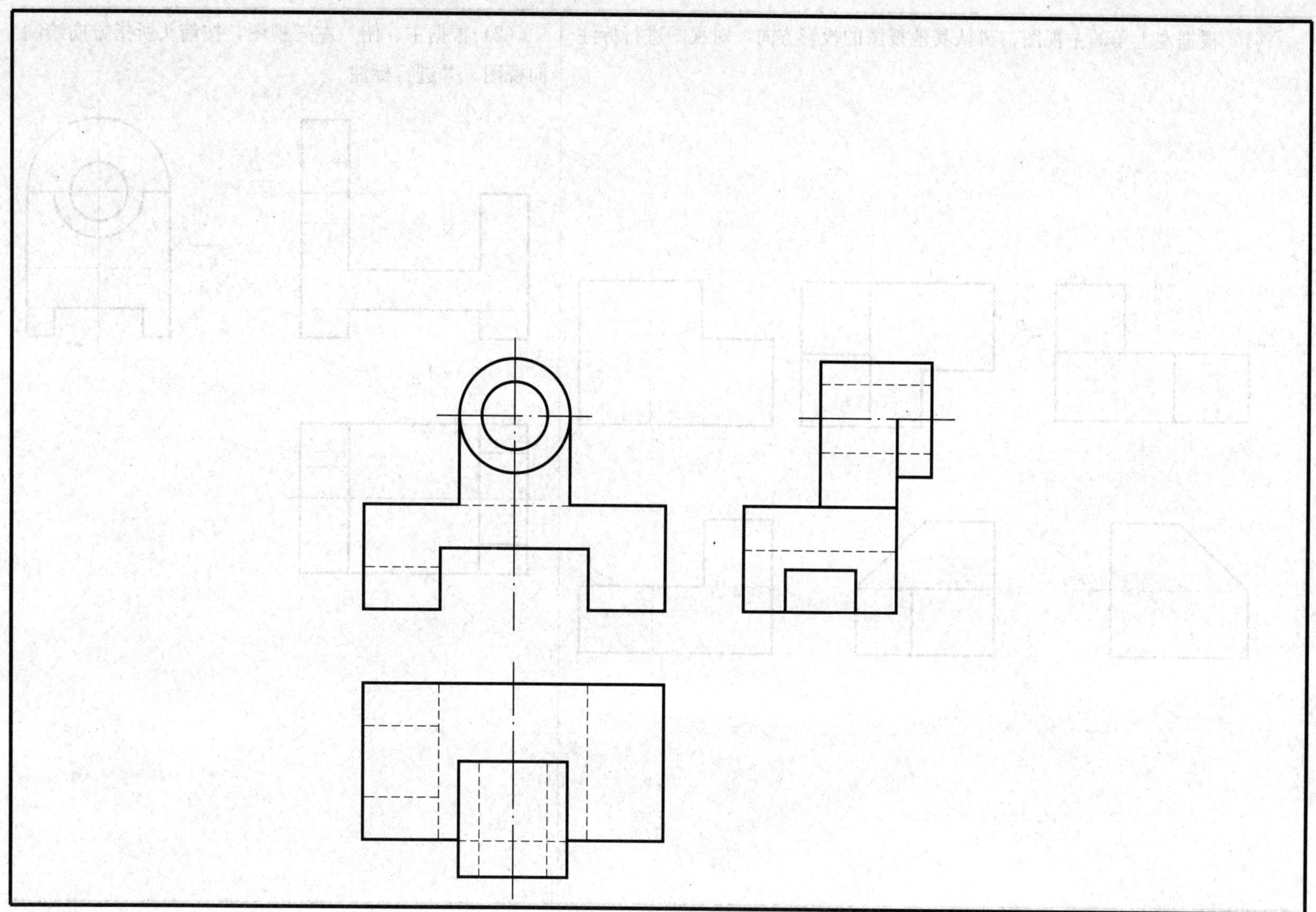

6—1—3　向视图

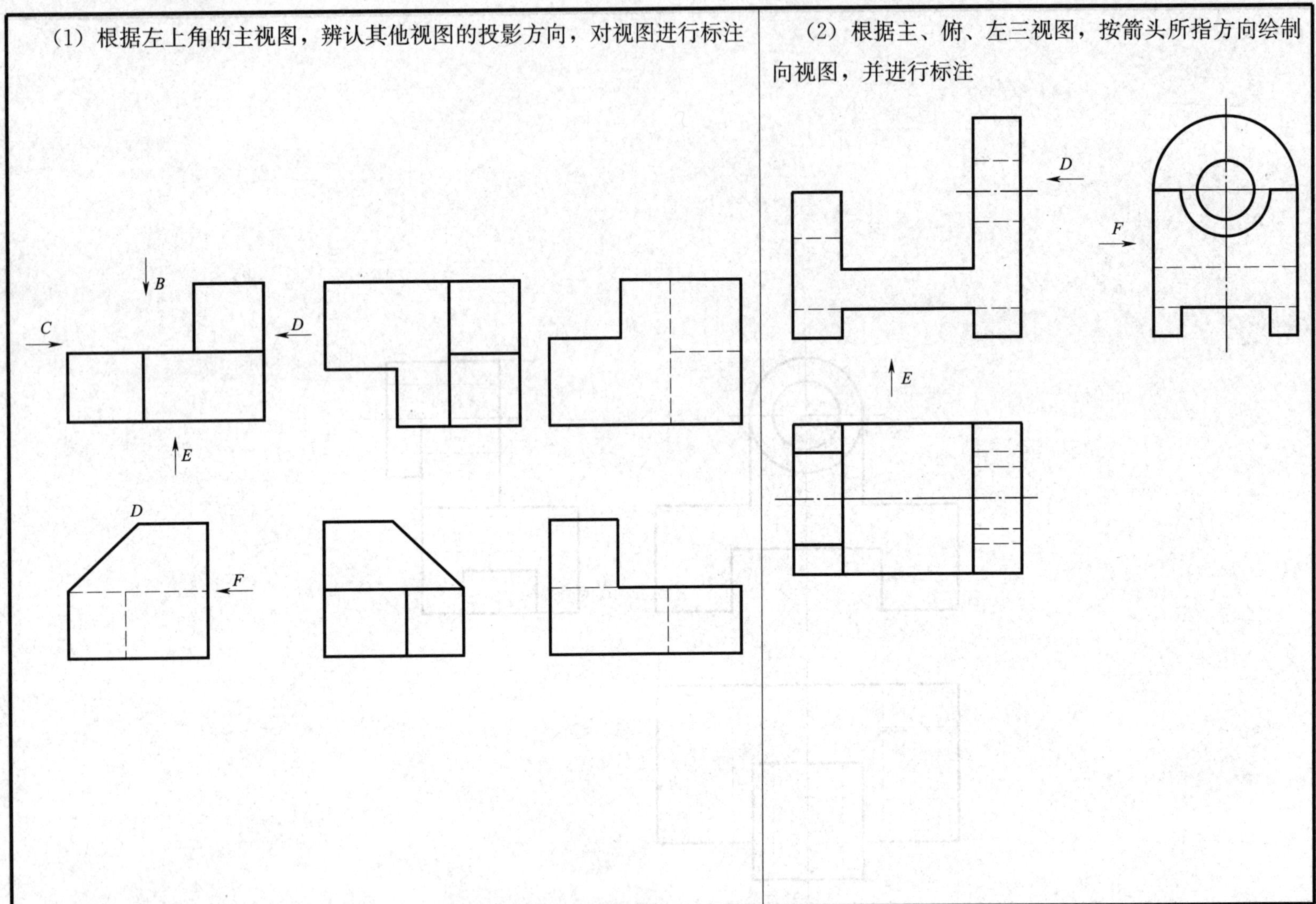
(1) 根据左上角的主视图，辨认其他视图的投影方向，对视图进行标注
B
C
D
E
D
F
(2) 根据主、俯、左三视图，按箭头所指方向绘制向视图，并进行标注
D
F
E

6—1—4　根据主视图和轴测图补画局部视图和斜视图（宽度尺寸从轴测图中量取，取整数）

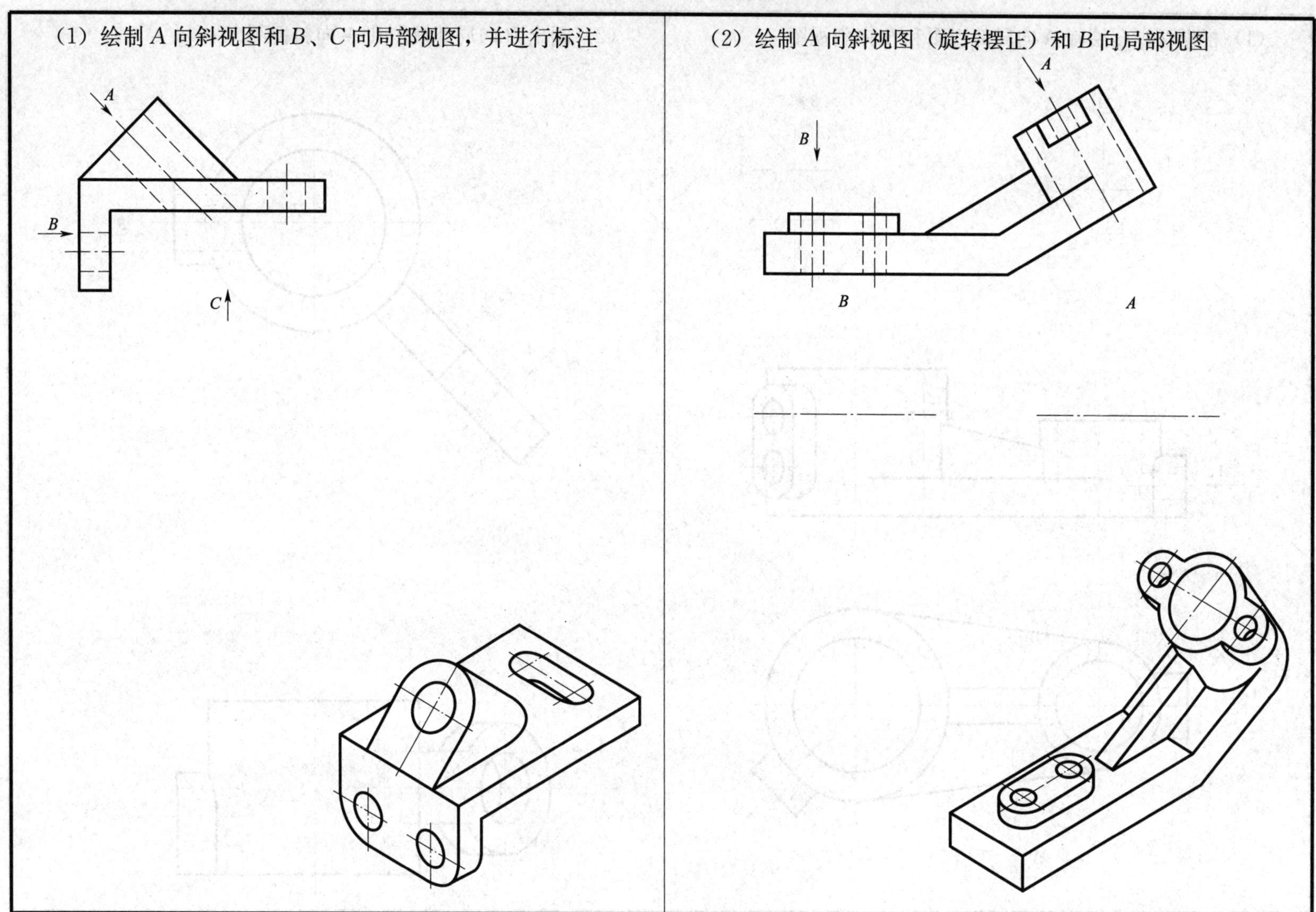

6—1—5　绘制局部视图和斜视图

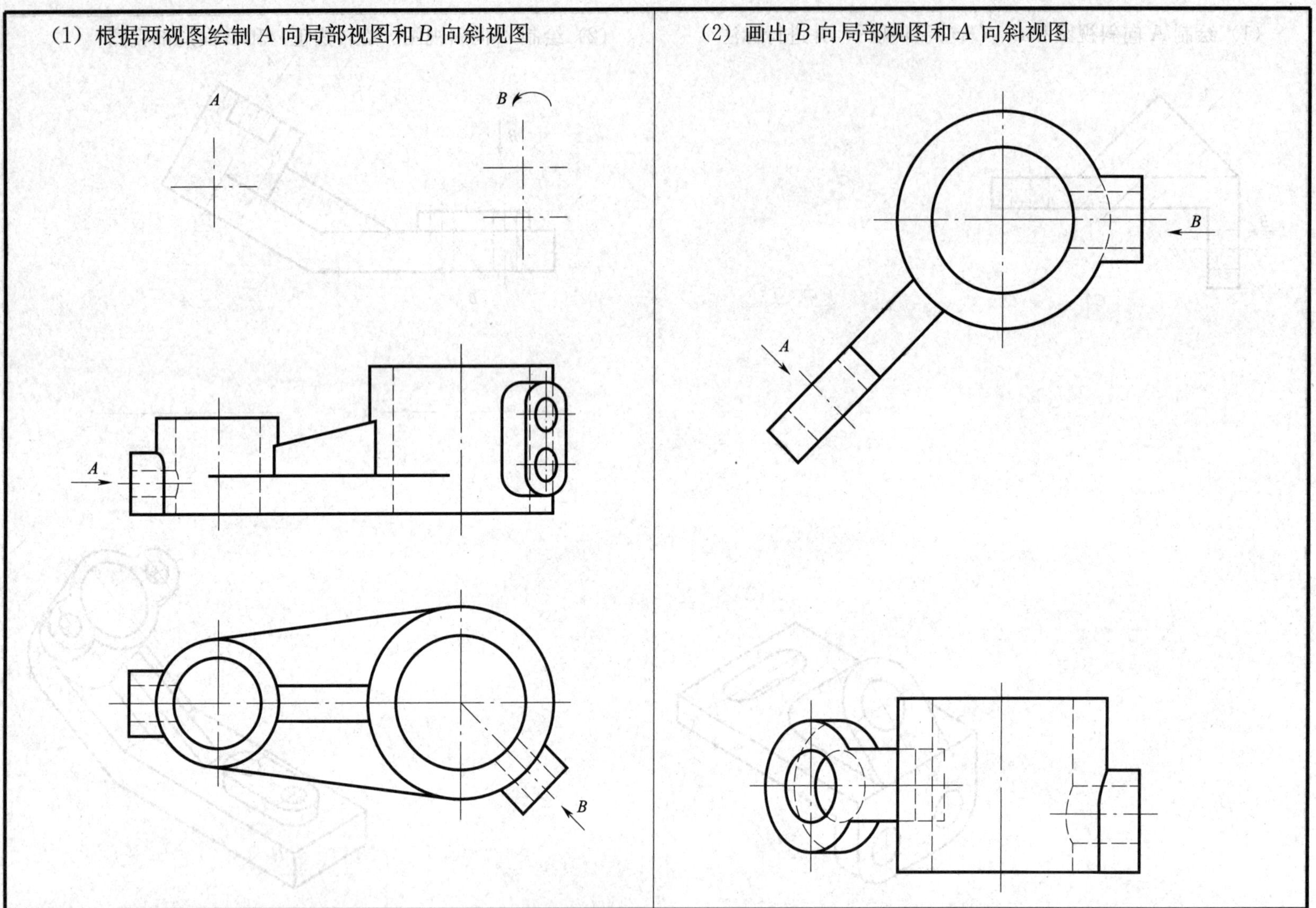

课题二　识读与绘制剖视图

6—2—1　补画全剖主视图上的缺线

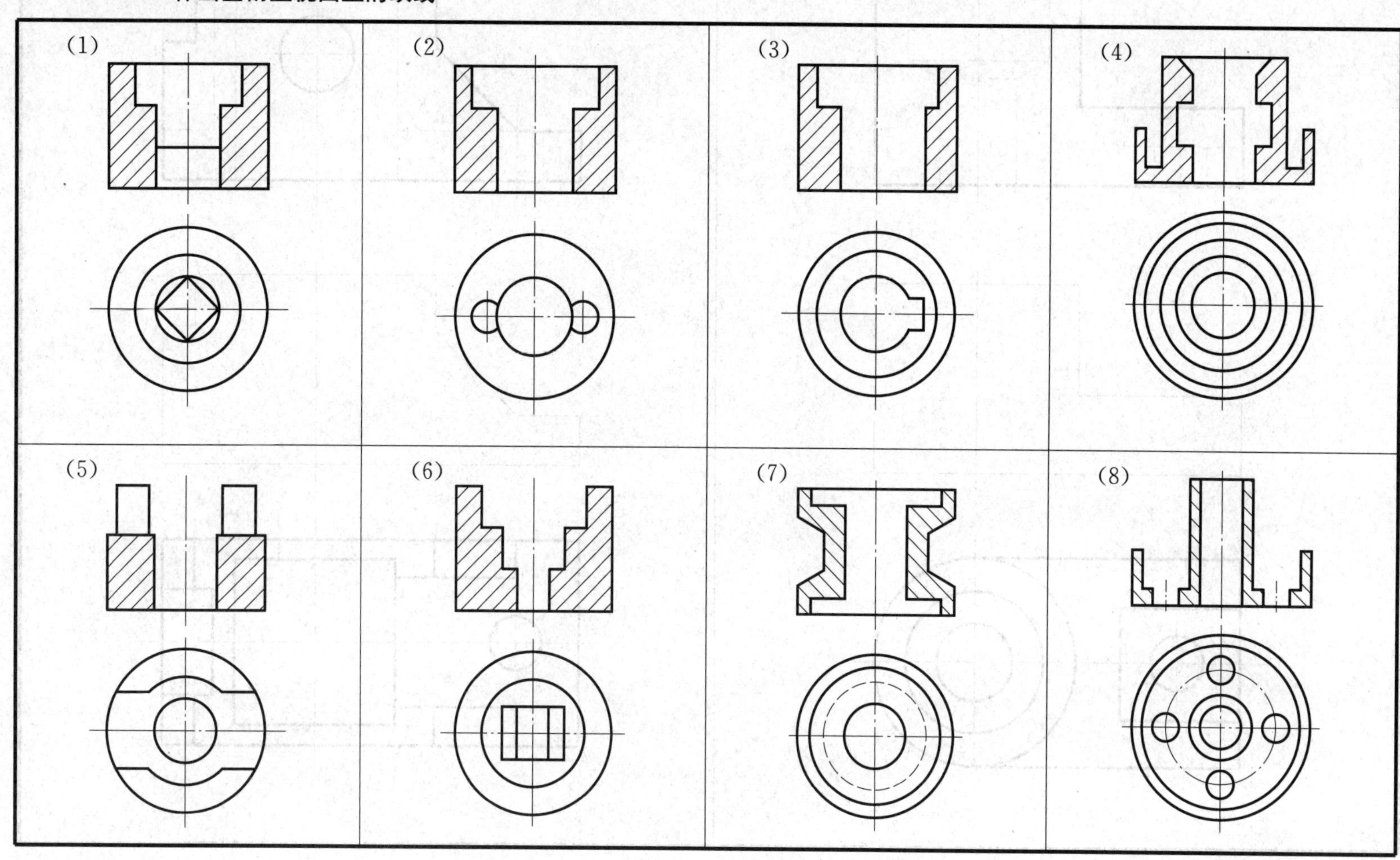

6—2—2　将零件的主视图改画成全剖视图

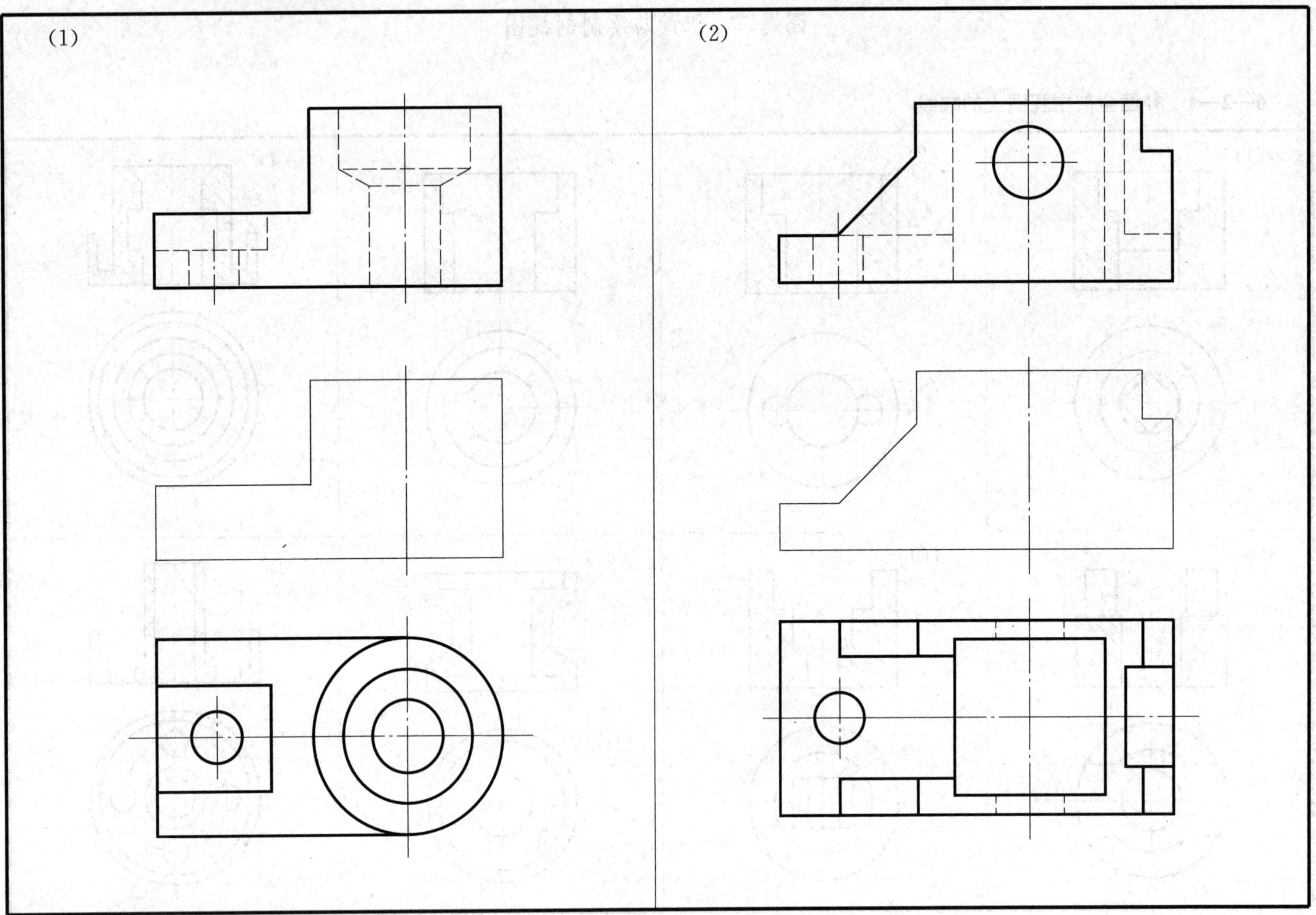

6—2—3　将零件的主视图画成全剖视图

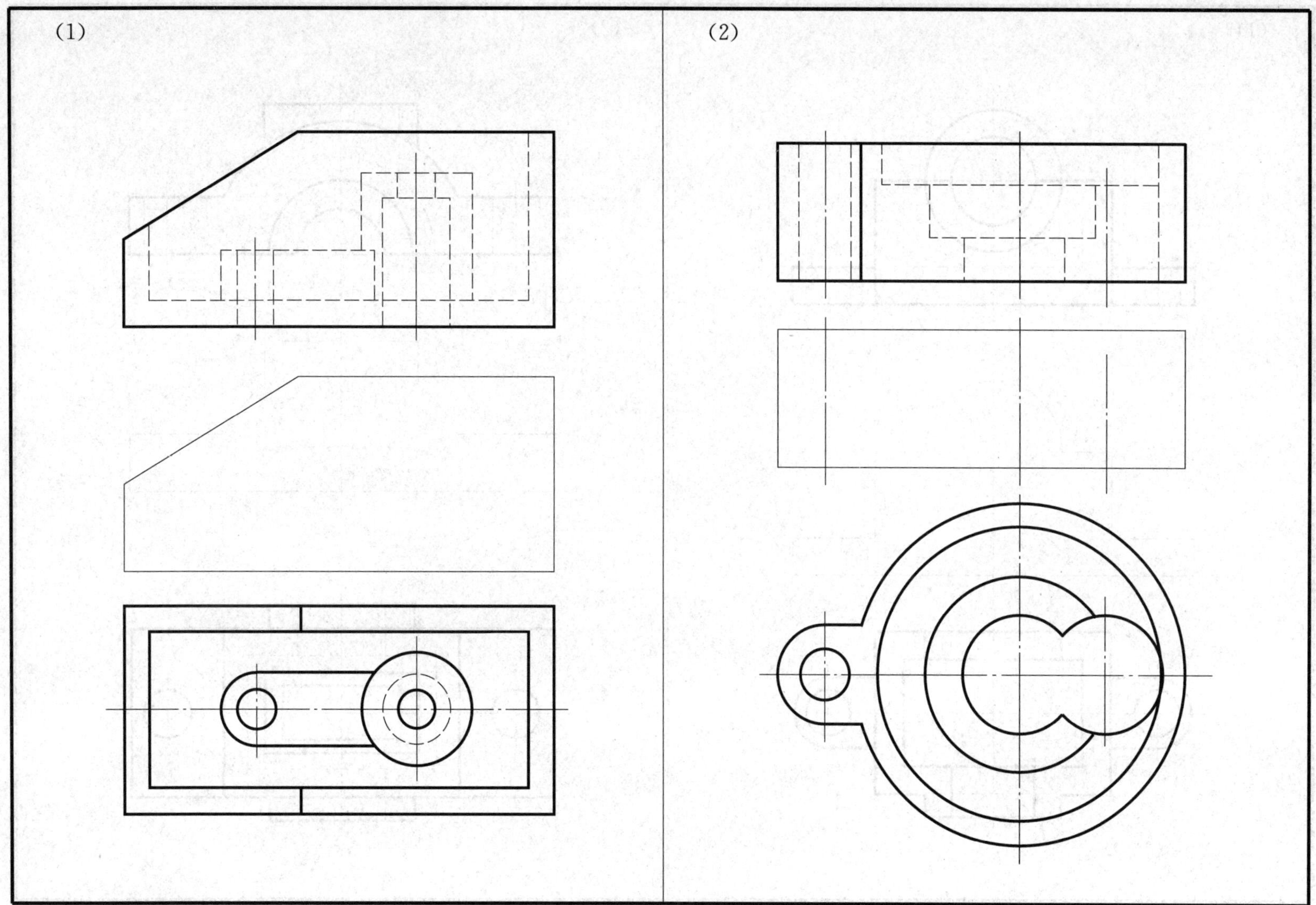

6—2—4　将零件的主视图画成半剖视图

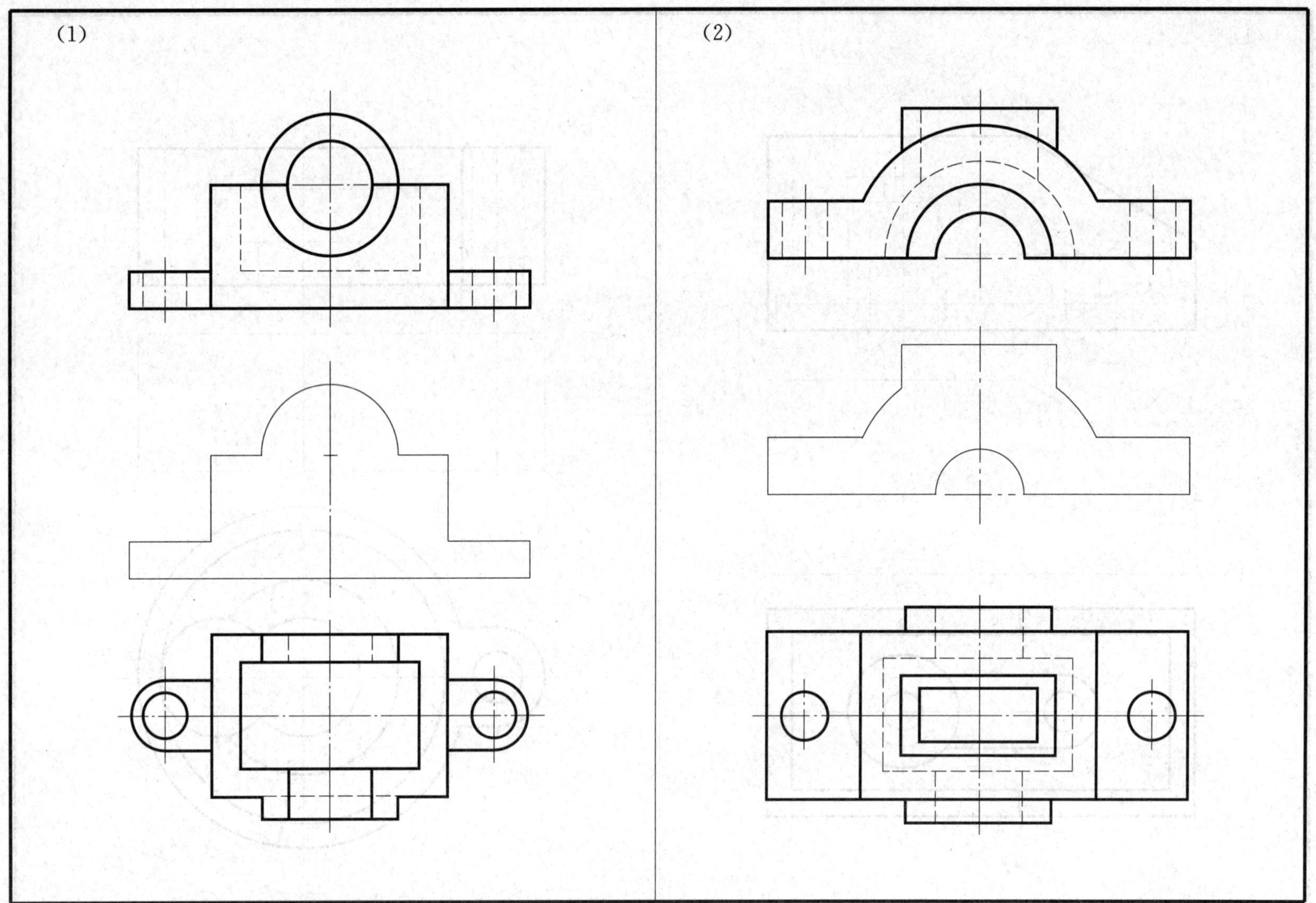

6—2—5　将零件的主视图画成半剖视图，绘制全剖的左视图

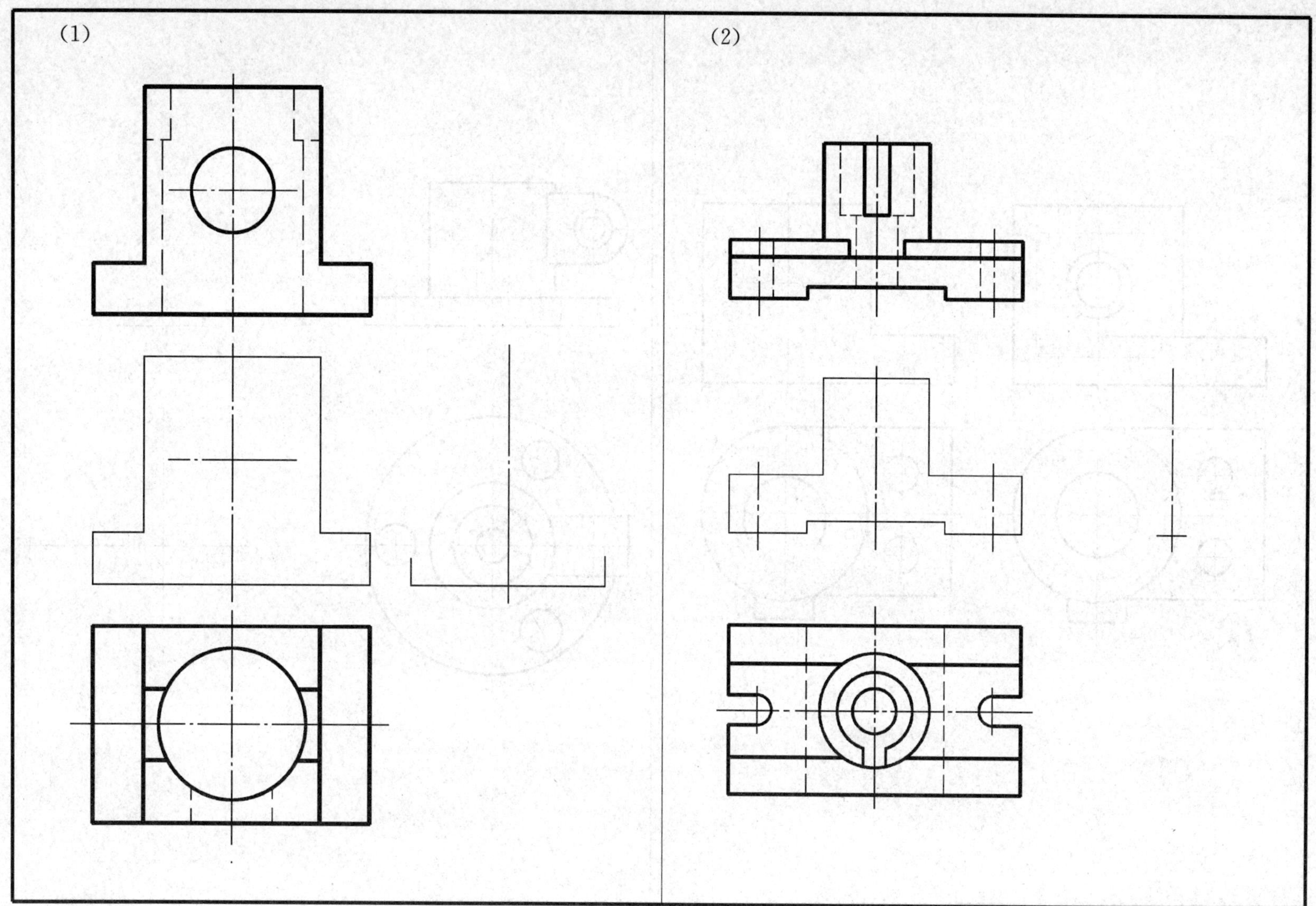

6—2—6 将主、俯视图改画成局部剖视图

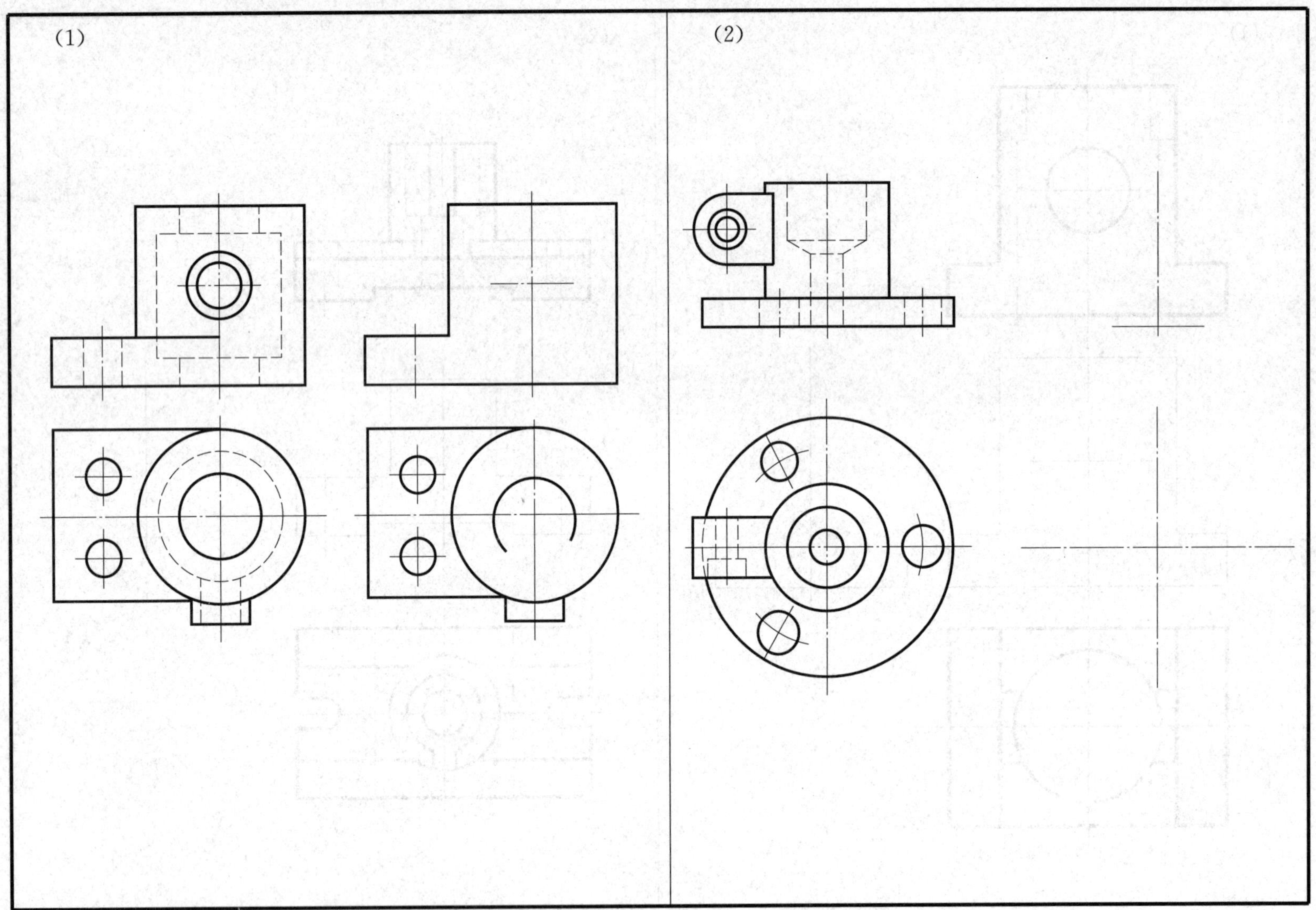

6—2—7　绘制全剖视图，并进行标注

（1）绘制 A—A（倾斜剖切平面）和 B—B 全剖视图，并进行标注

（2）绘制 A—A（倾斜剖切平面）全剖视图，并进行标注

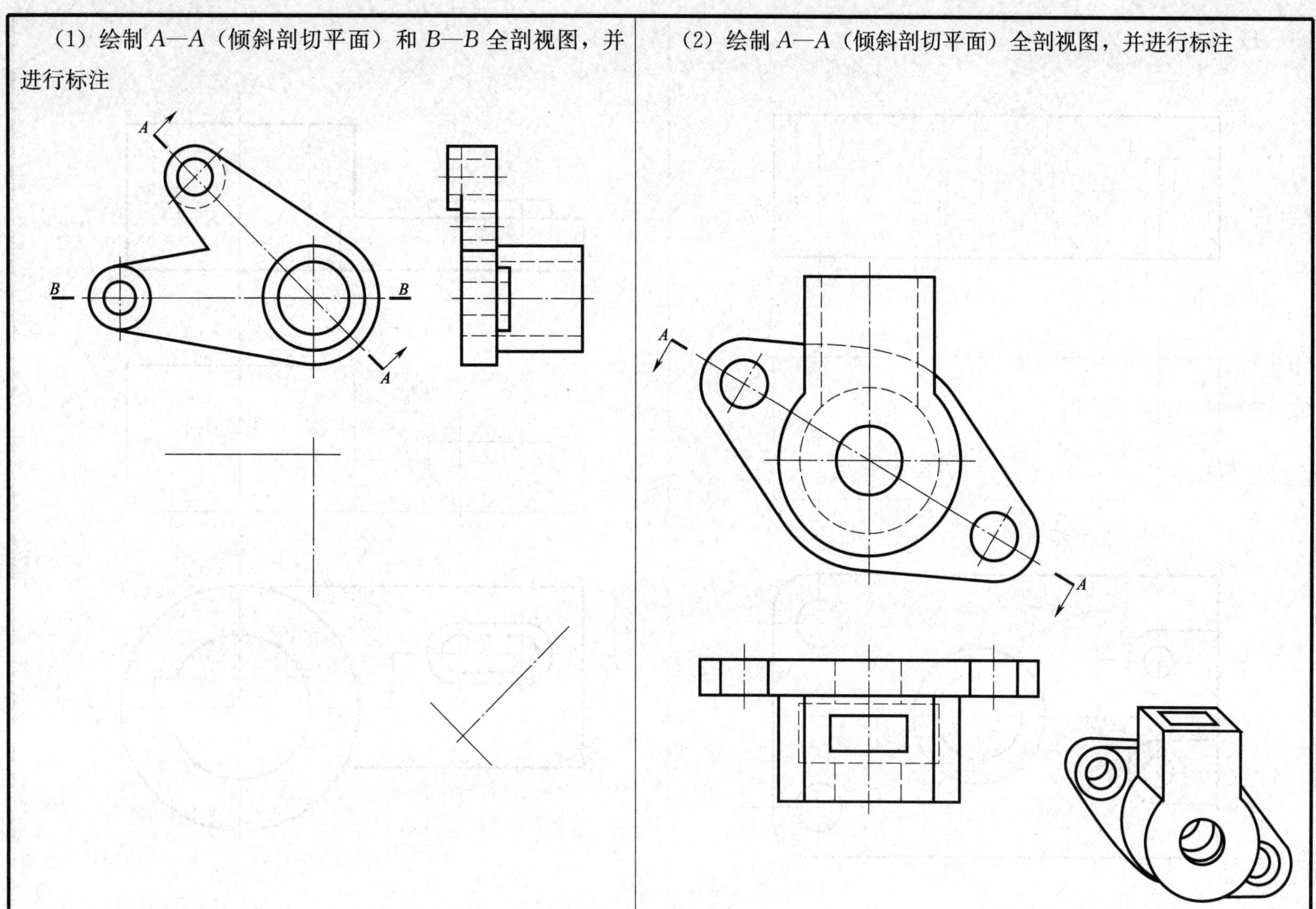

6—2—8 将主视图改画成用平行剖切平面剖切的全剖视图

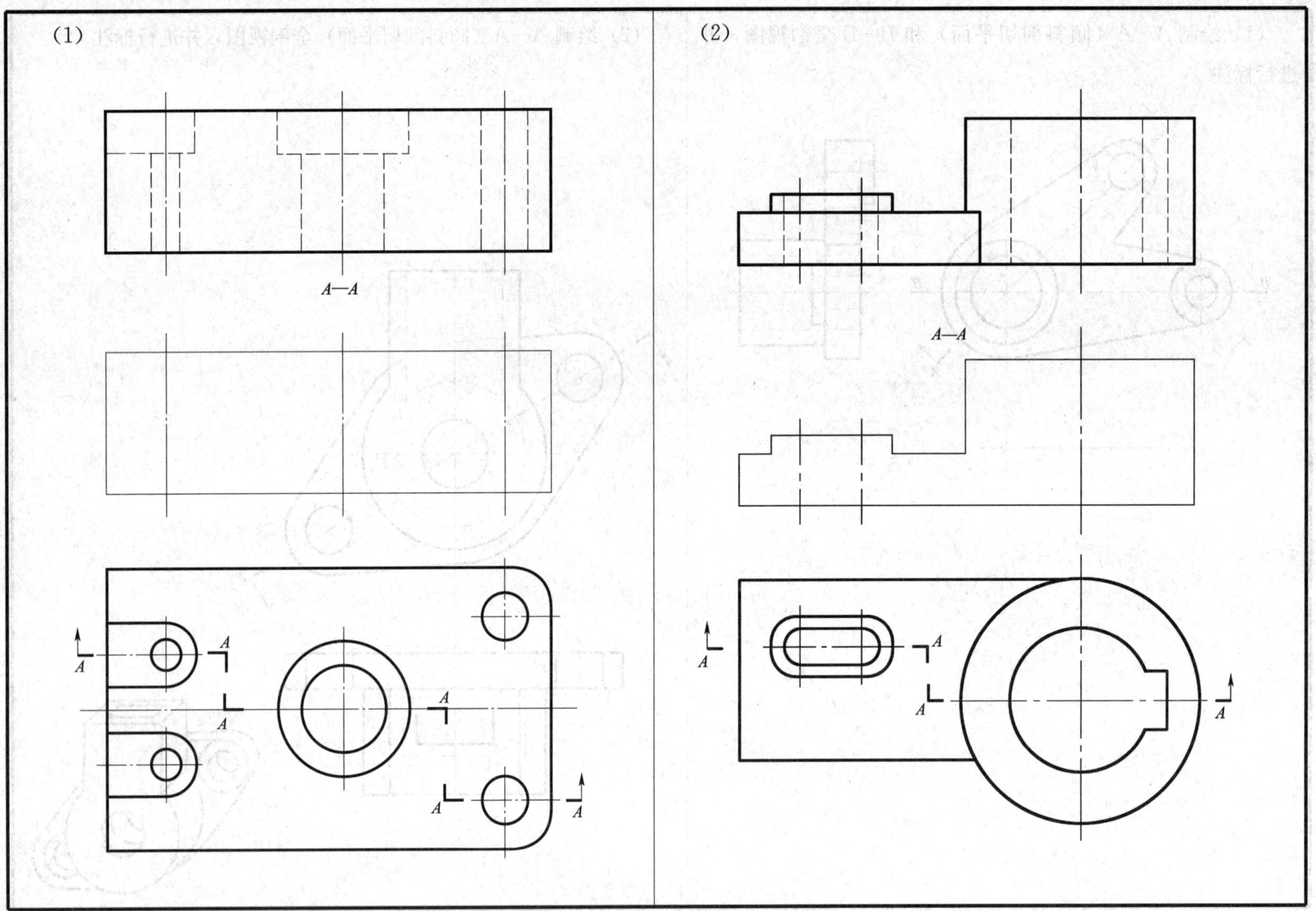

6—2—9　将主视图改画成两相交剖切平面剖切的全剖视图

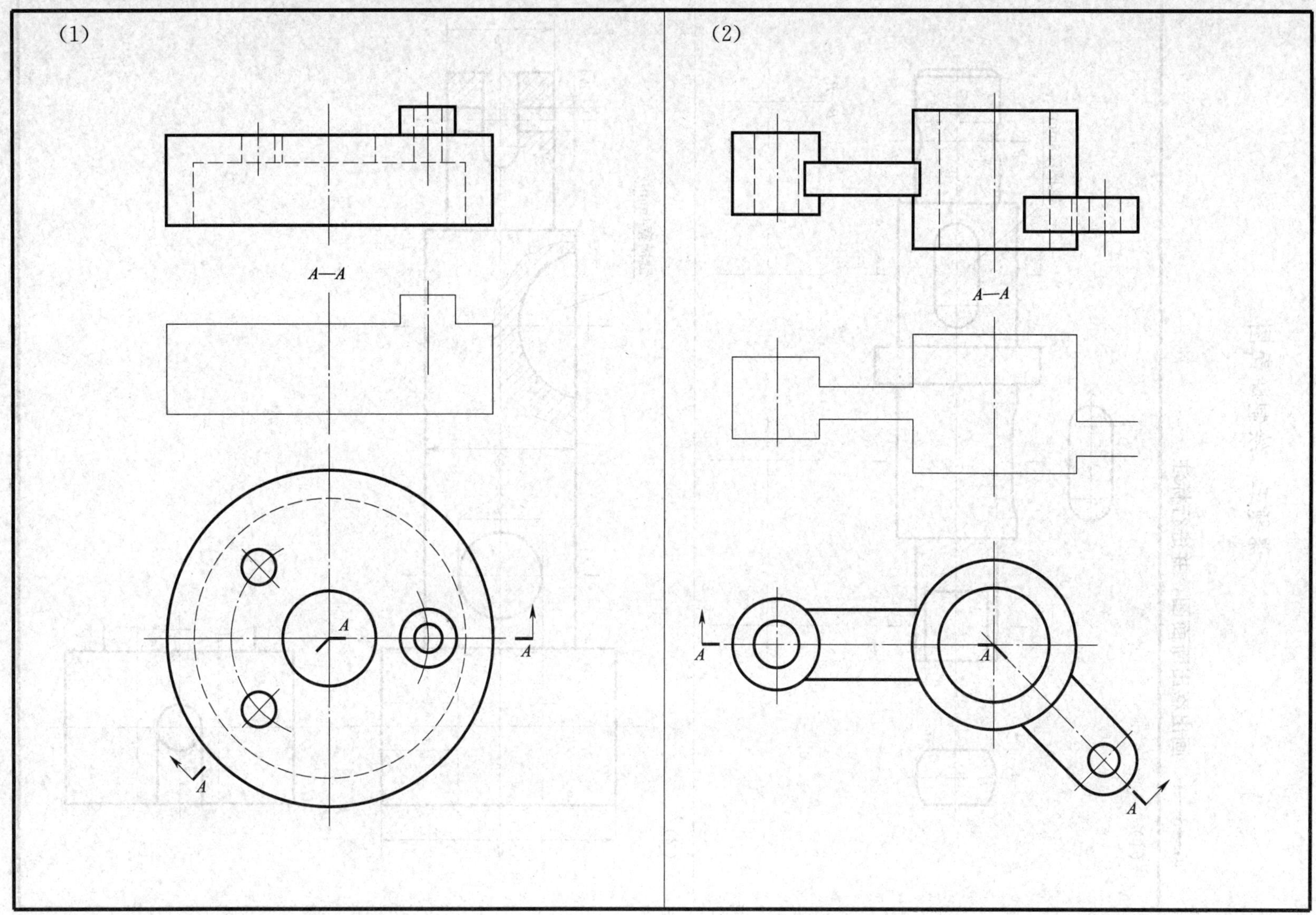

课题三　绘制断面图

6—3—1　画出移出断面图，并进行标注

(1)

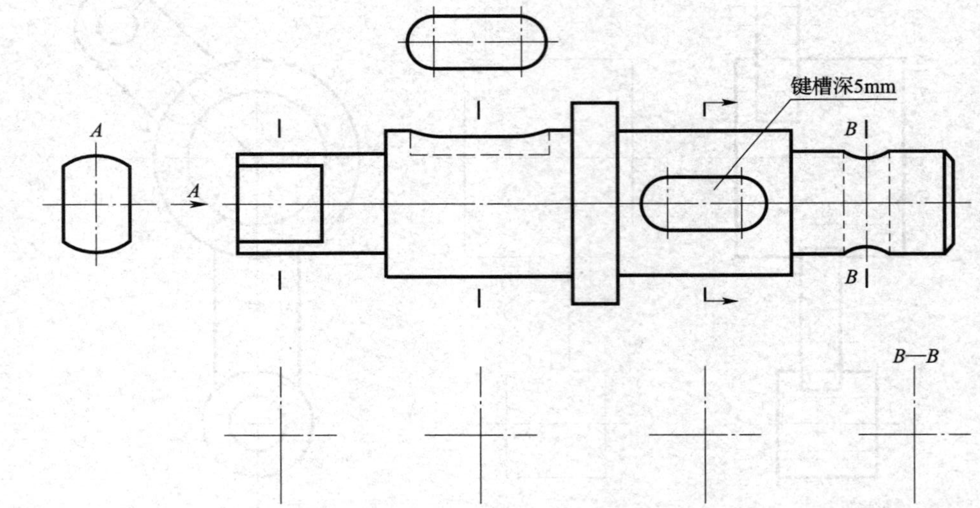

A

A

键槽深5mm

B

B

B—B

(2)

键槽宽4mm

$\phi4$

ϕ

ϕ

ϕ

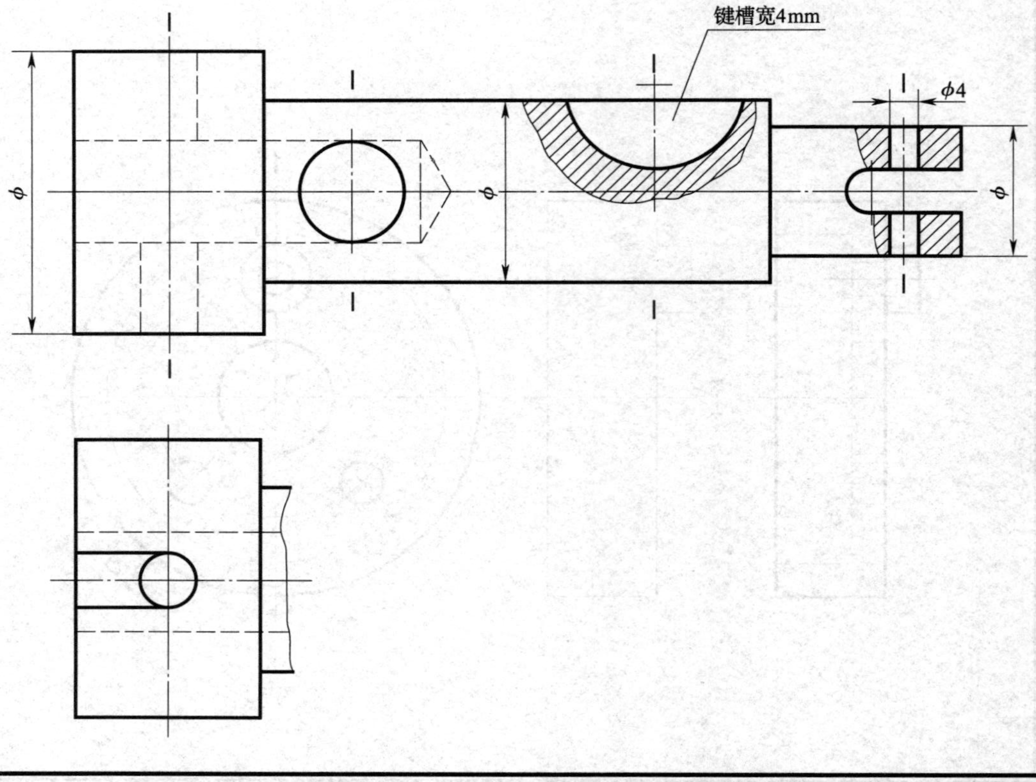

6—3—2 选择断面图

(1) 选择正确的断面图，在括号内画“√”
A
A
B
B
A—A
A—A
B—B
B—B
( )
( )
( )
( )
A—A
A—A
B—B
B—B
( )
( )
( )
( )
(2) 在相应的断面图上标注断面图名称
A
B
C
D
E
F
G
H
A
B
C
D
E
F
G
H

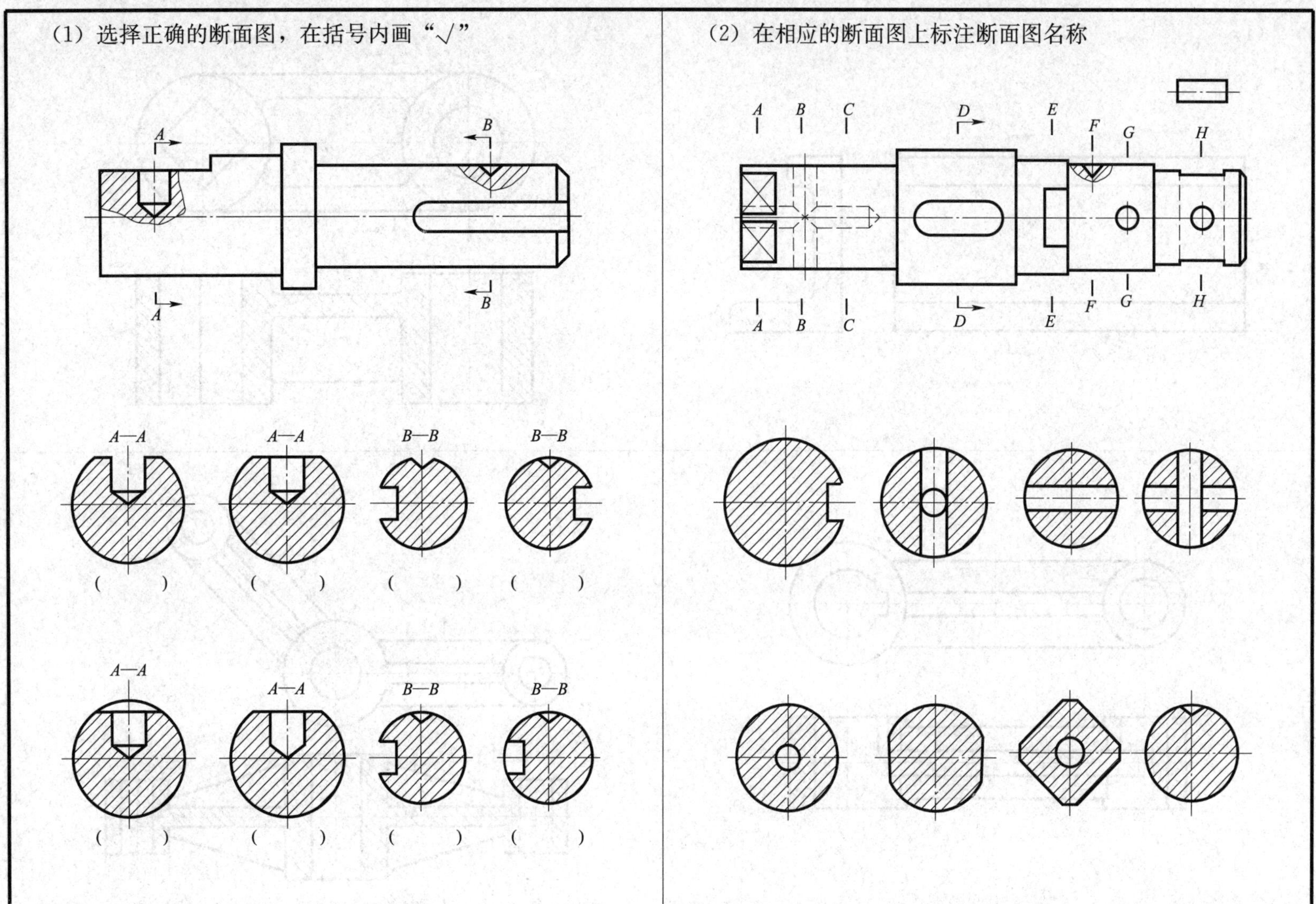

6—3—3 在主视图上绘制重合断面图

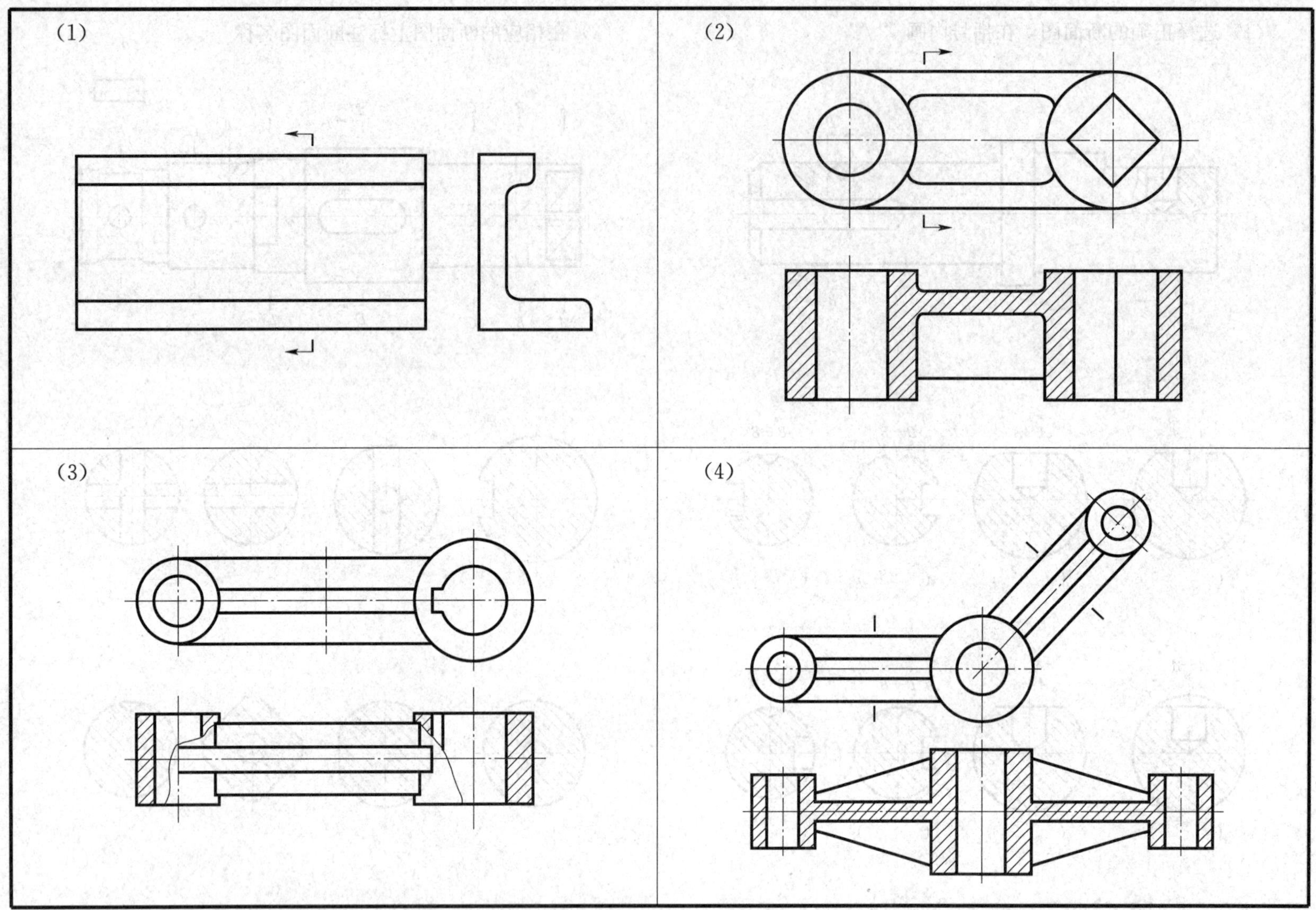

课题四　其 他 画 法

6—4—1　在指定位置绘制全剖视图（采用规定画法）

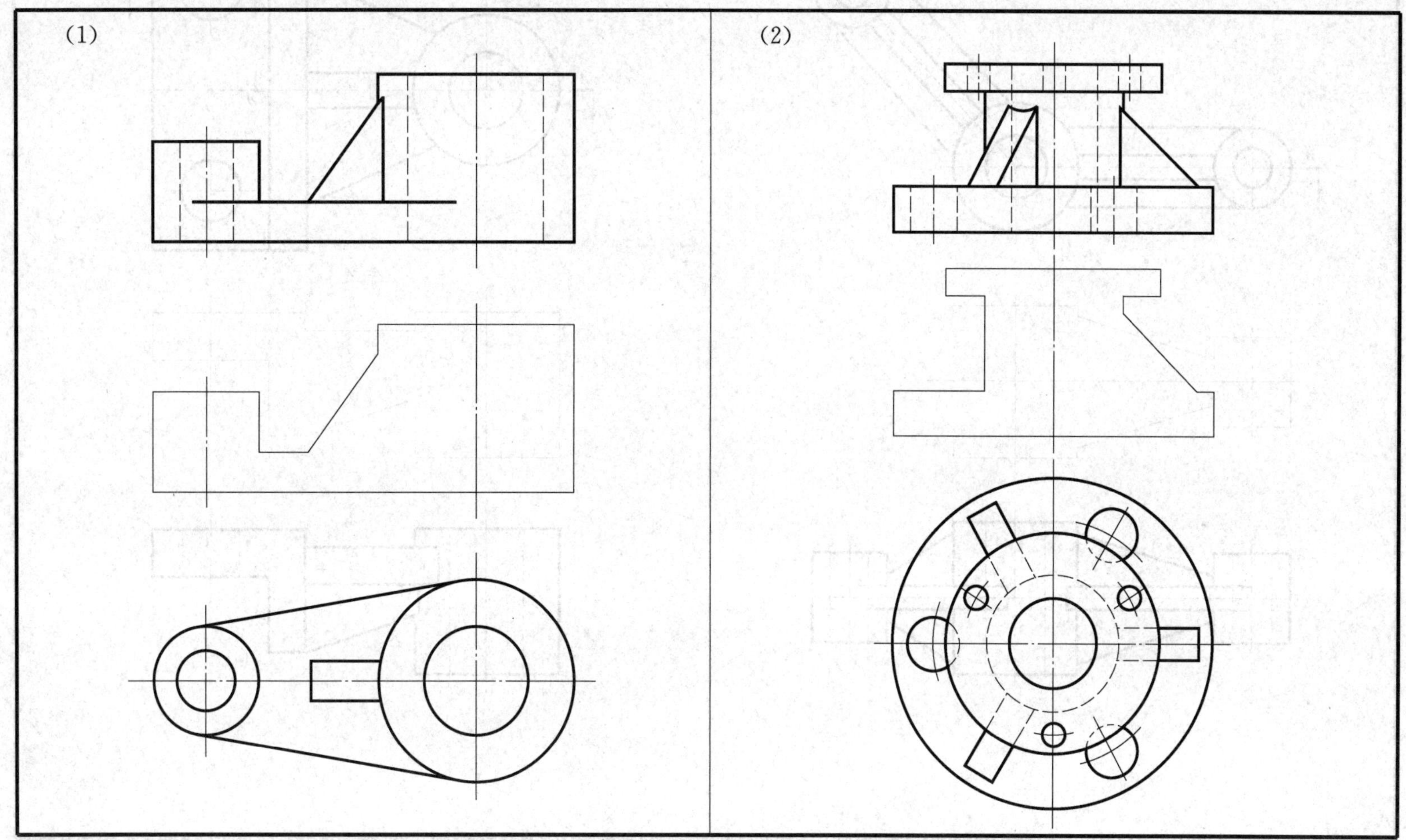

6—4—2　在指定位置绘制全剖视图（采用规定画法）

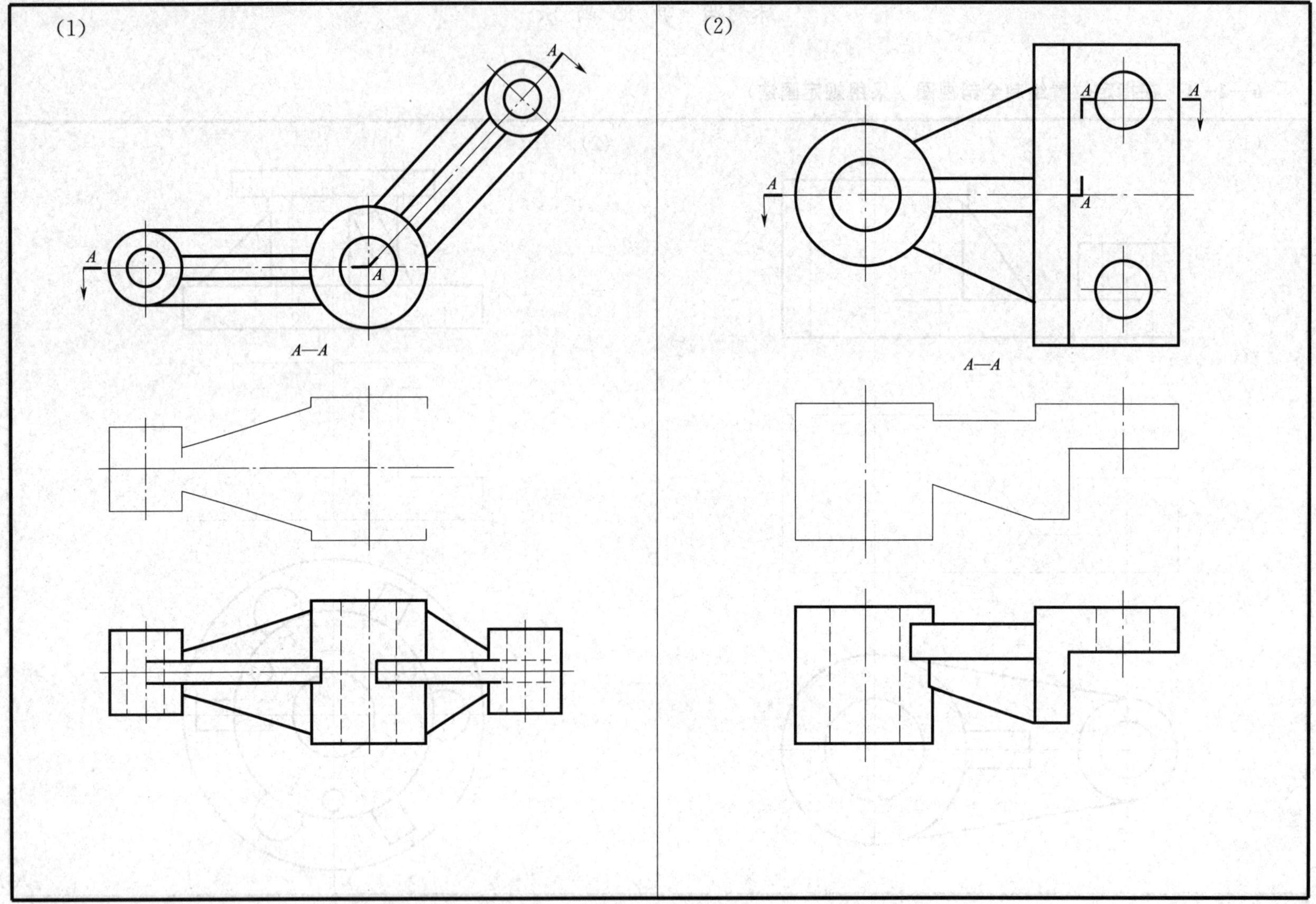

模块七　标准件与常用件

课题一　绘制螺纹及螺纹紧固件

7—1—1　指出视图中螺纹画法的错误，并在指定位置画出其正确图形

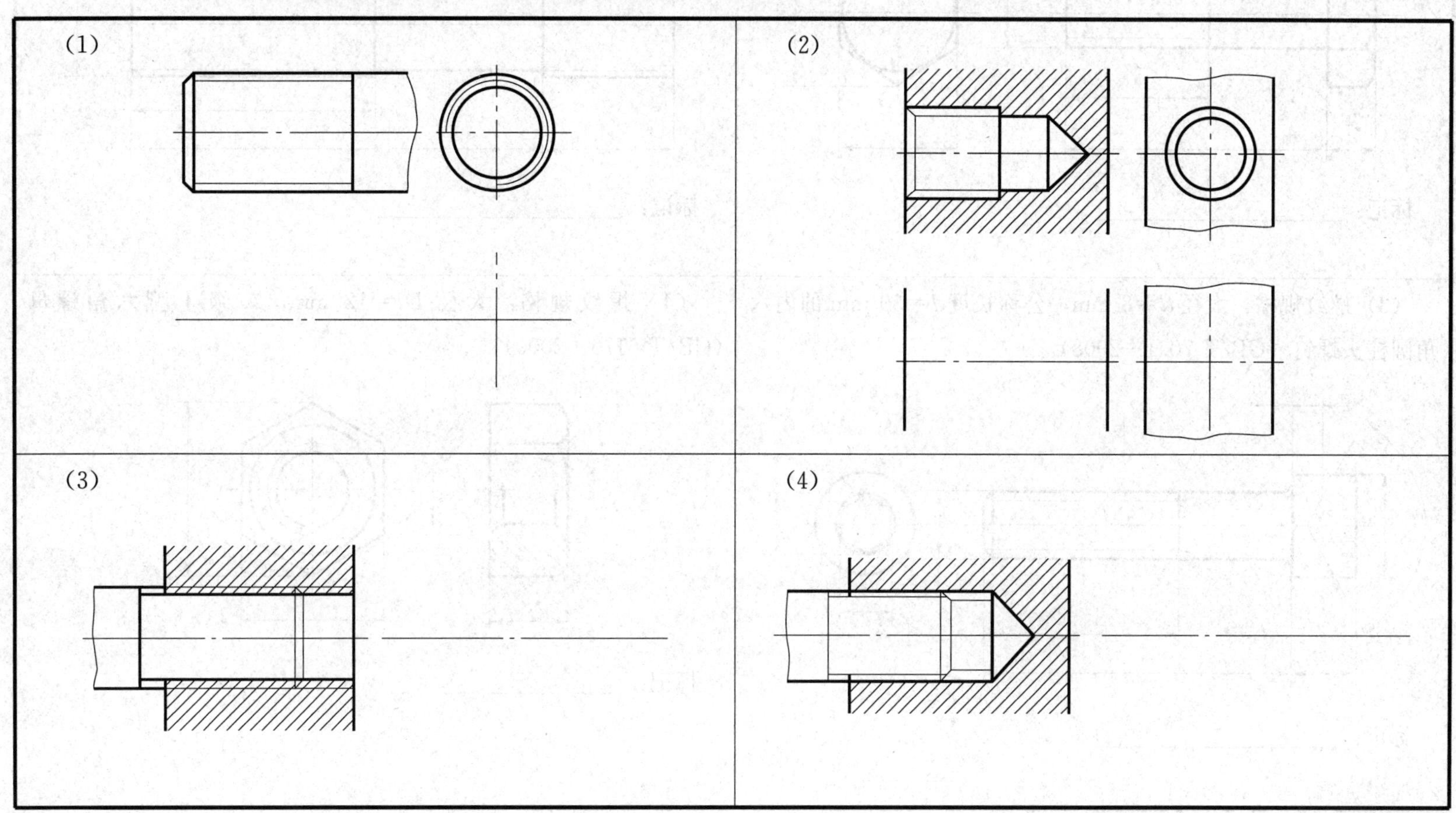

7—1—2　查表获得螺纹紧固件的尺寸，并标注在视图上，写出螺纹紧固件的标记

（1）螺纹规格：大径 d=12 mm，公称长度 l=45 mm，C 级六角头螺栓（GB/T 5780—2000）

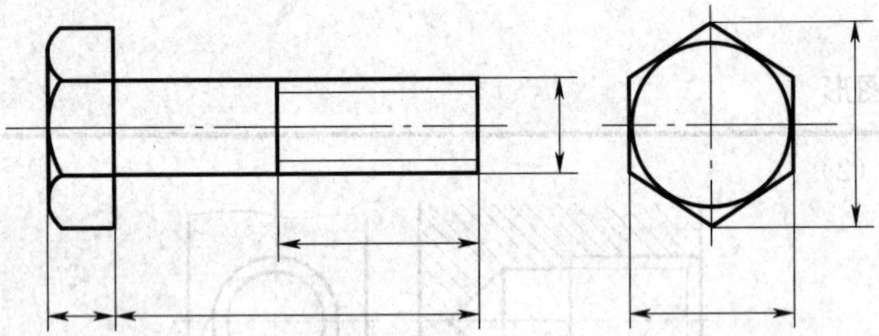

标记：________________

（2）两端均为粗牙普通螺纹，螺纹规格：大径 d=16 mm，公称长度 l=50 mm，B 型，b_m=1d 的双头螺柱（GB/T 897—1988）

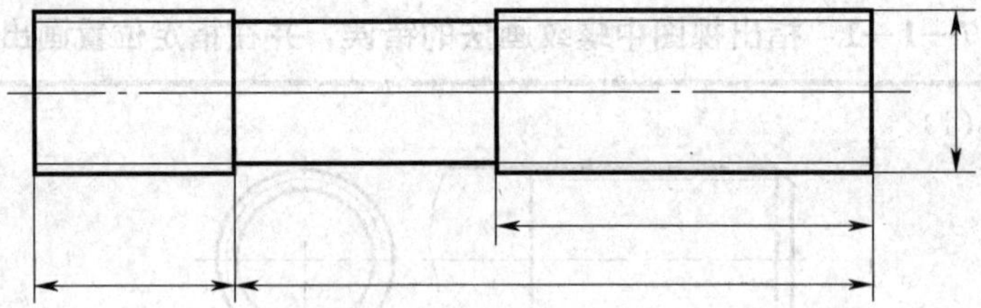

标记：________________

（3）螺纹规格：大径 d=8 mm，公称长度 l=30 mm 的内六角圆柱头螺钉（GB/T 70.1—2008）

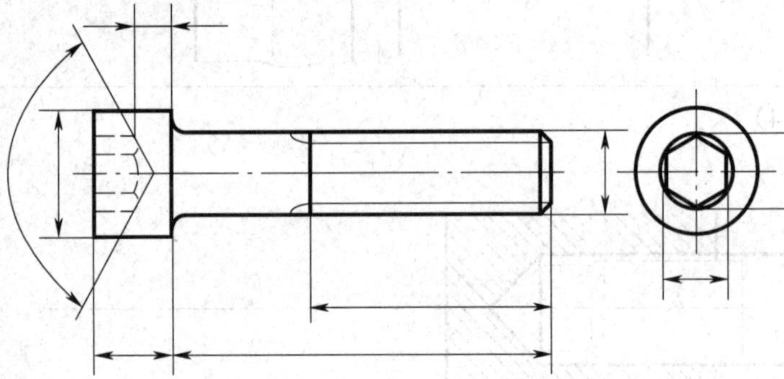

标记：________________

（4）螺纹规格：大径 D=12 mm，A 级Ⅰ型六角螺母（GB/T 6170—2000）

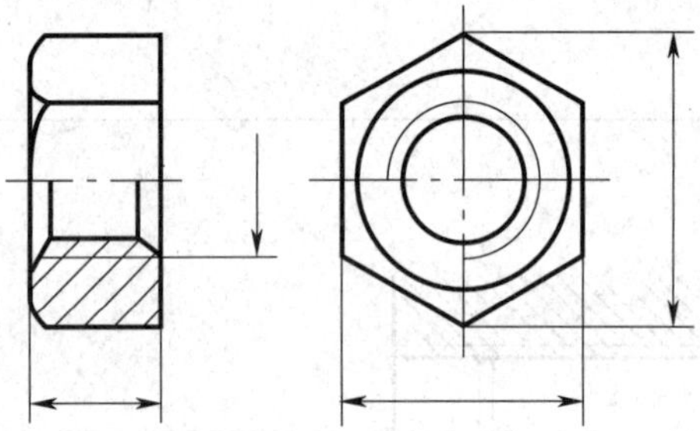

标记：________________

7—1—3　根据螺纹紧固件的标记，用比例画法绘制其视图（绘图比例1∶1）

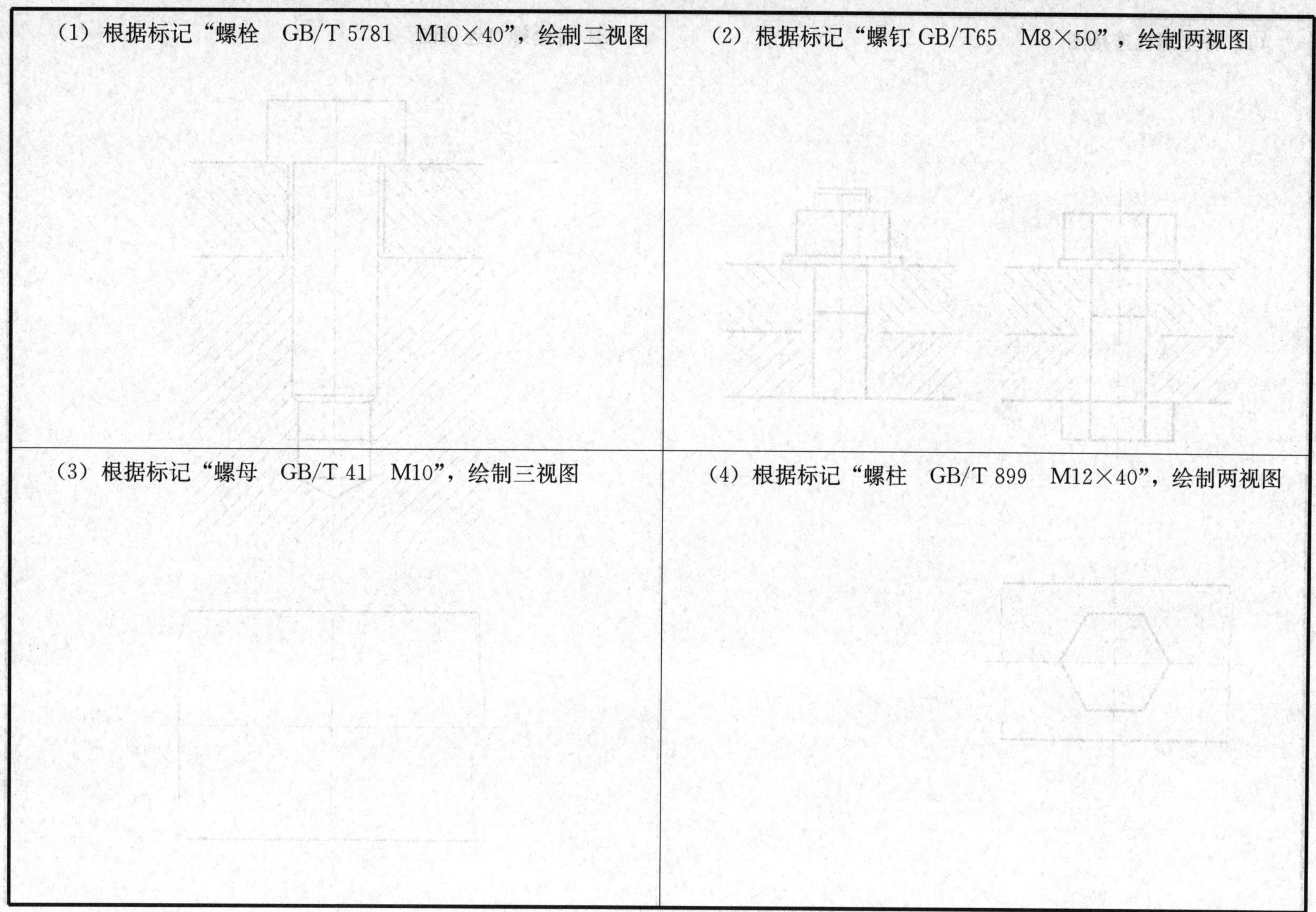

（1）根据标记“螺栓　GB/T 5781　M10×40”，绘制三视图

（2）根据标记“螺钉 GB/T65　M8×50”，绘制两视图

（3）根据标记“螺母　GB/T 41　M10”，绘制三视图

（4）根据标记“螺柱　GB/T 899　M12×40”，绘制两视图

7—1—4　补全螺栓和螺钉连接图

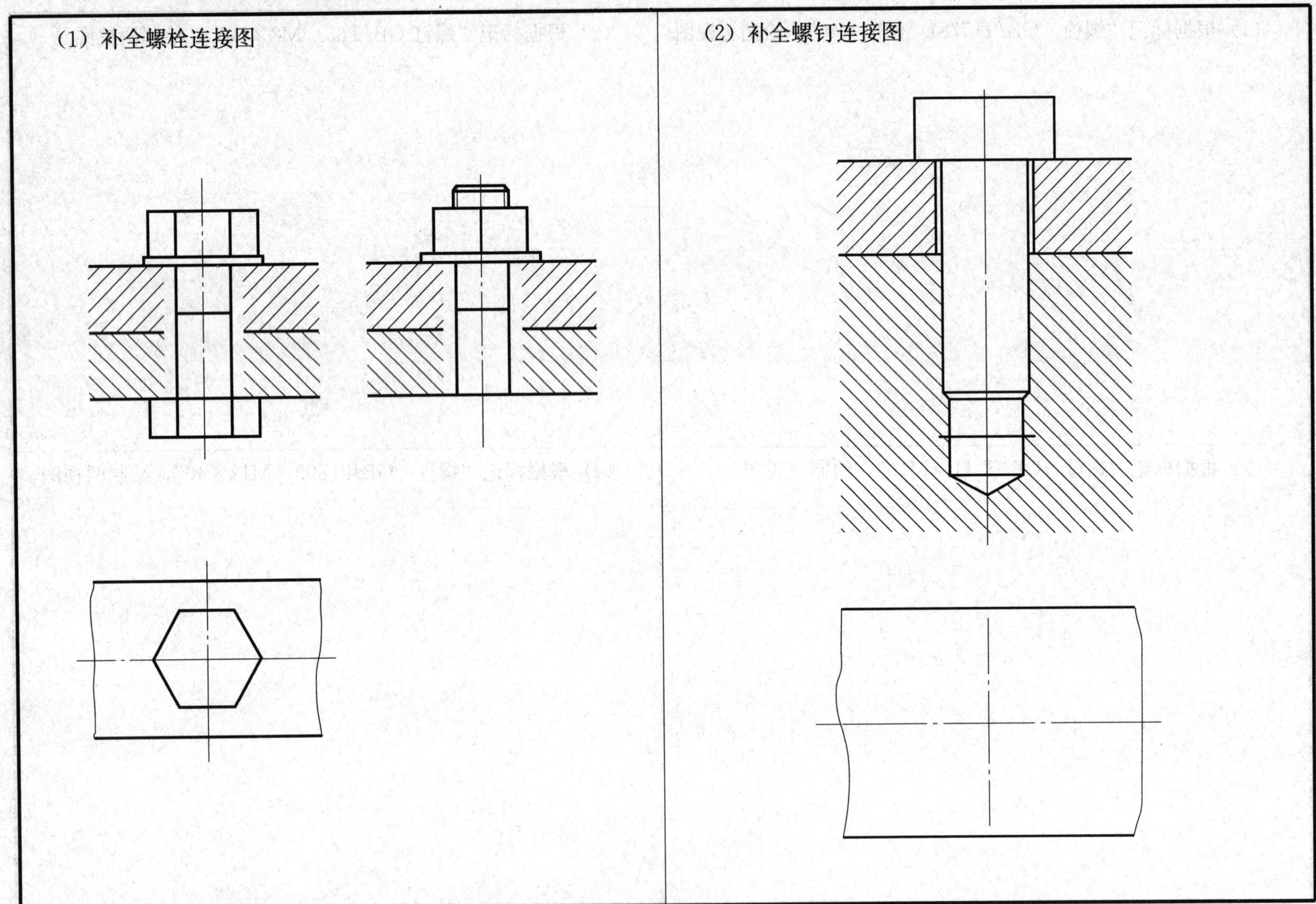

7—1—5 绘制双头螺柱连接图

双头螺柱连接如右下图所示，已知双头螺柱的标记为：螺柱 GB/T 898 M12×25，试选择合适的螺母和弹簧垫圈，完成双头螺柱连接的三视图

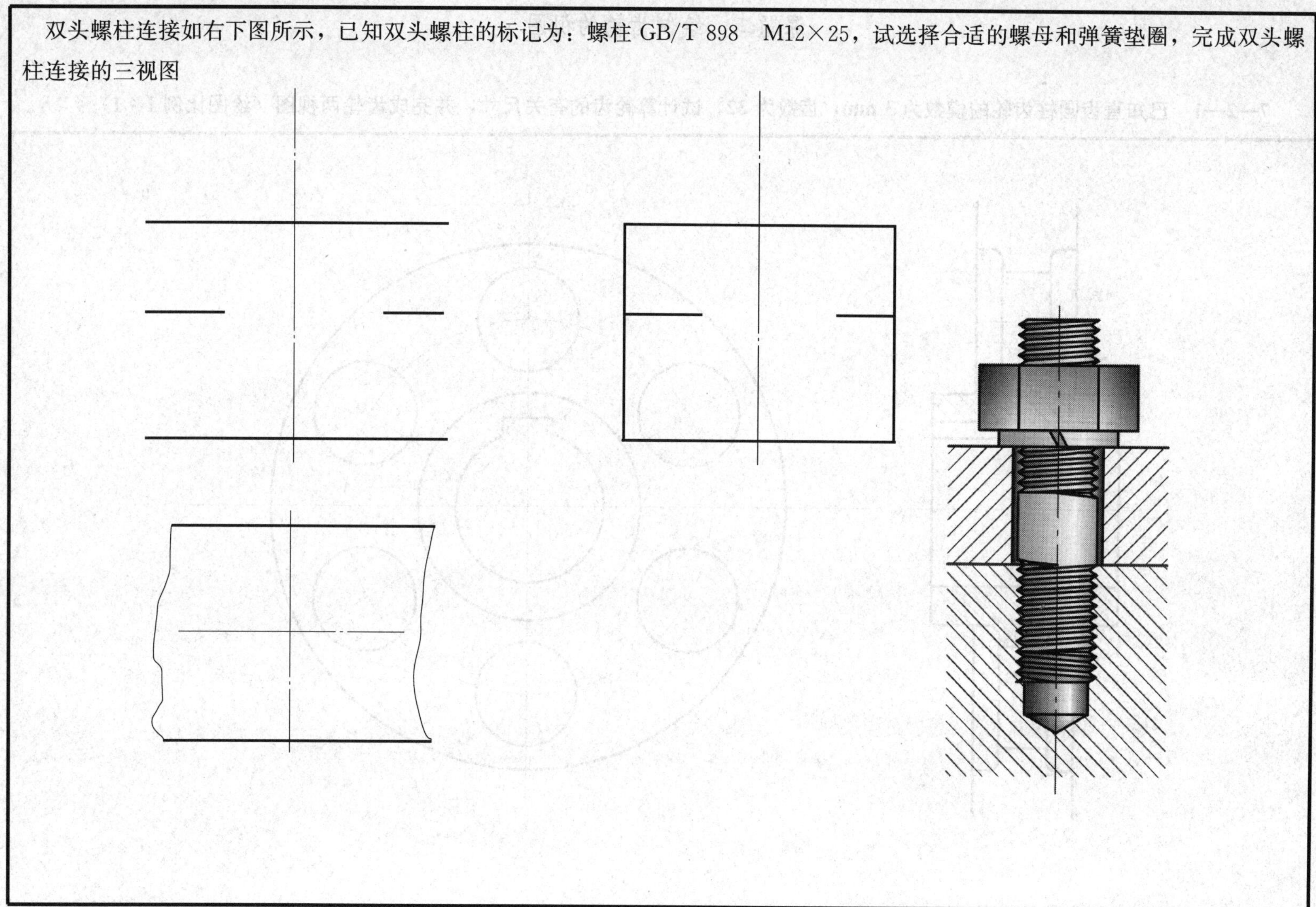

课题二　绘制齿轮的视图

7—2—1　已知直齿圆柱齿轮的模数为 3 mm，齿数为 32，试计算轮齿的有关尺寸，并完成齿轮两视图（绘图比例 1∶1）

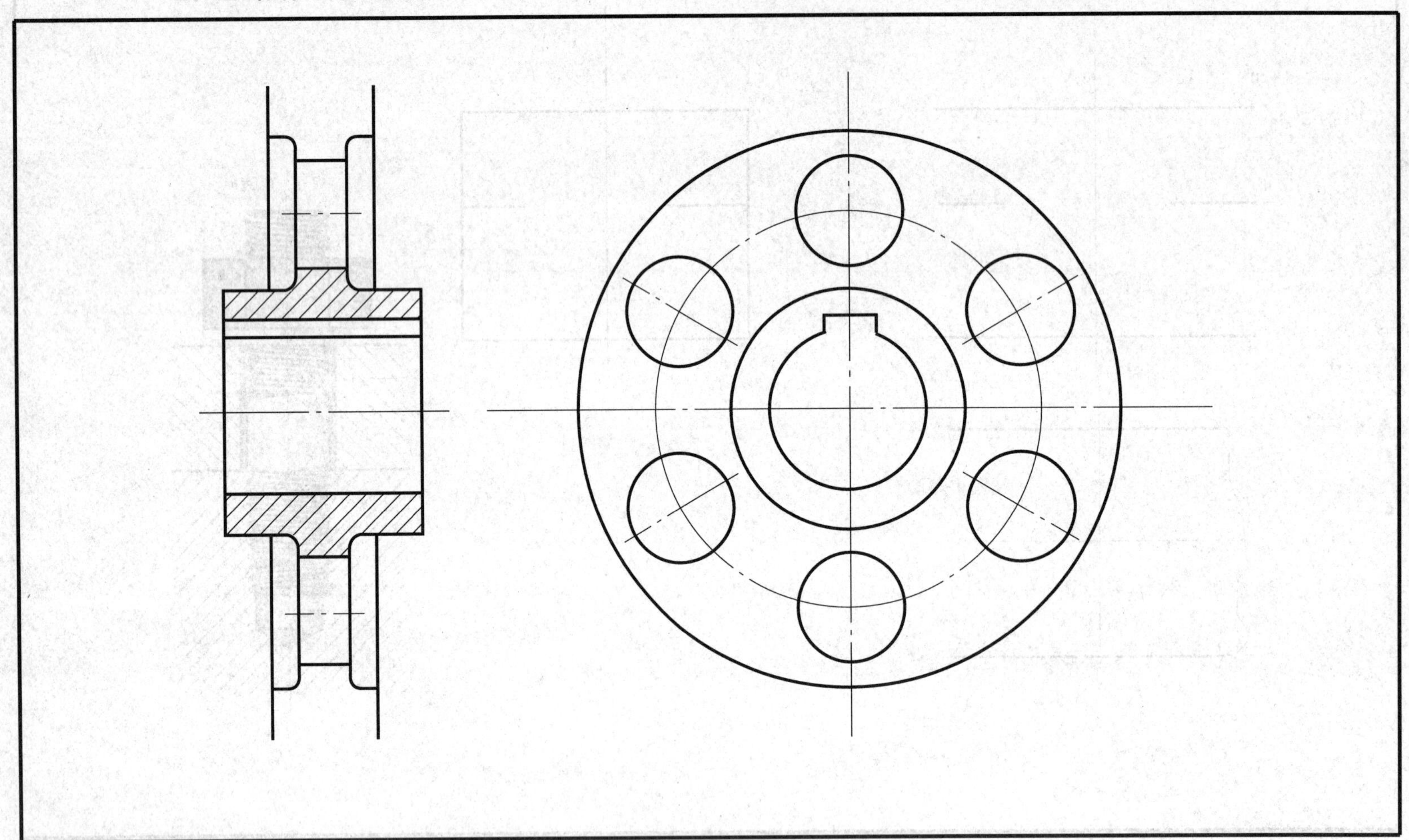

7—2—2　完成齿轮啮合图

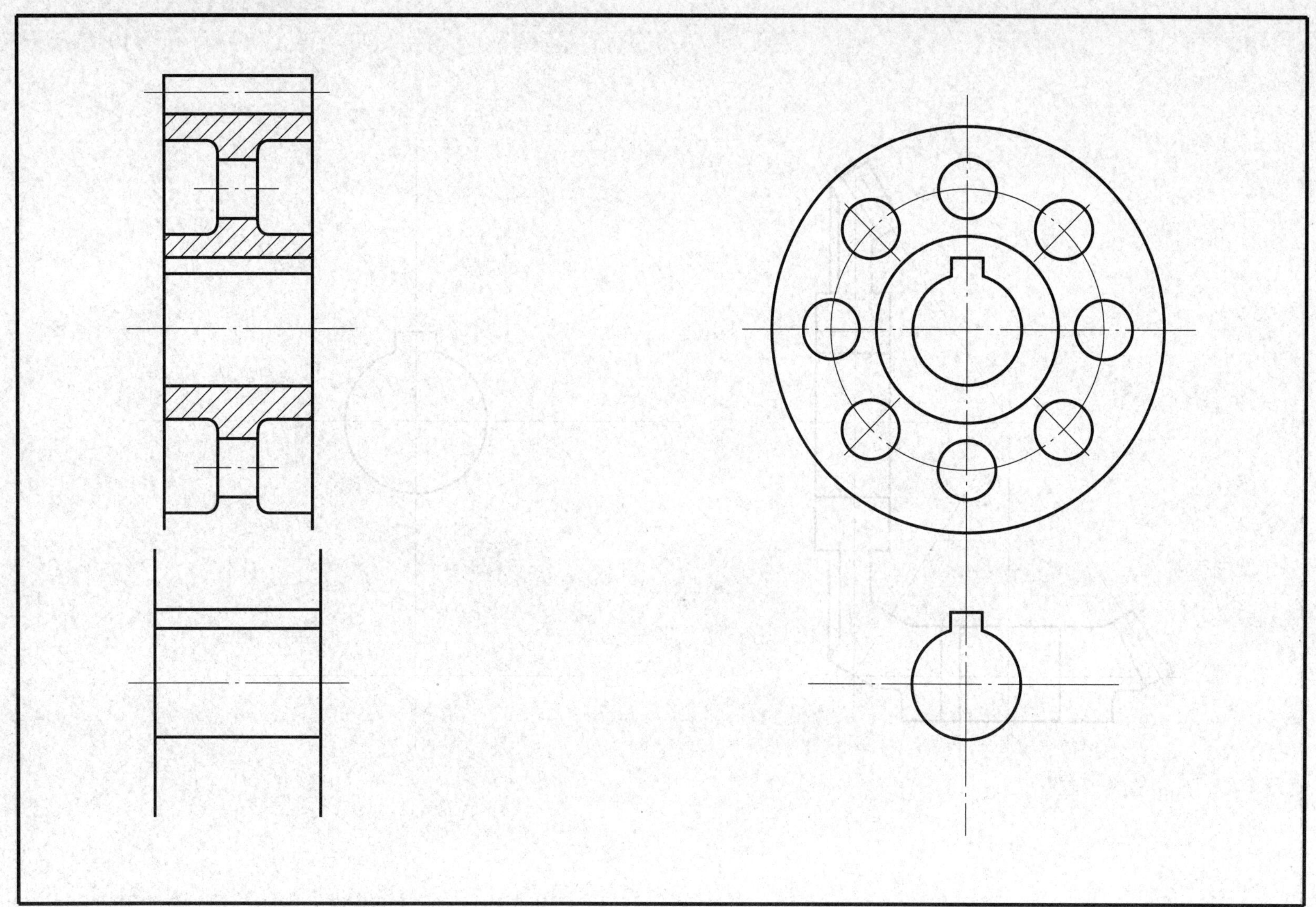

7—2—3 补全锥齿轮啮合图

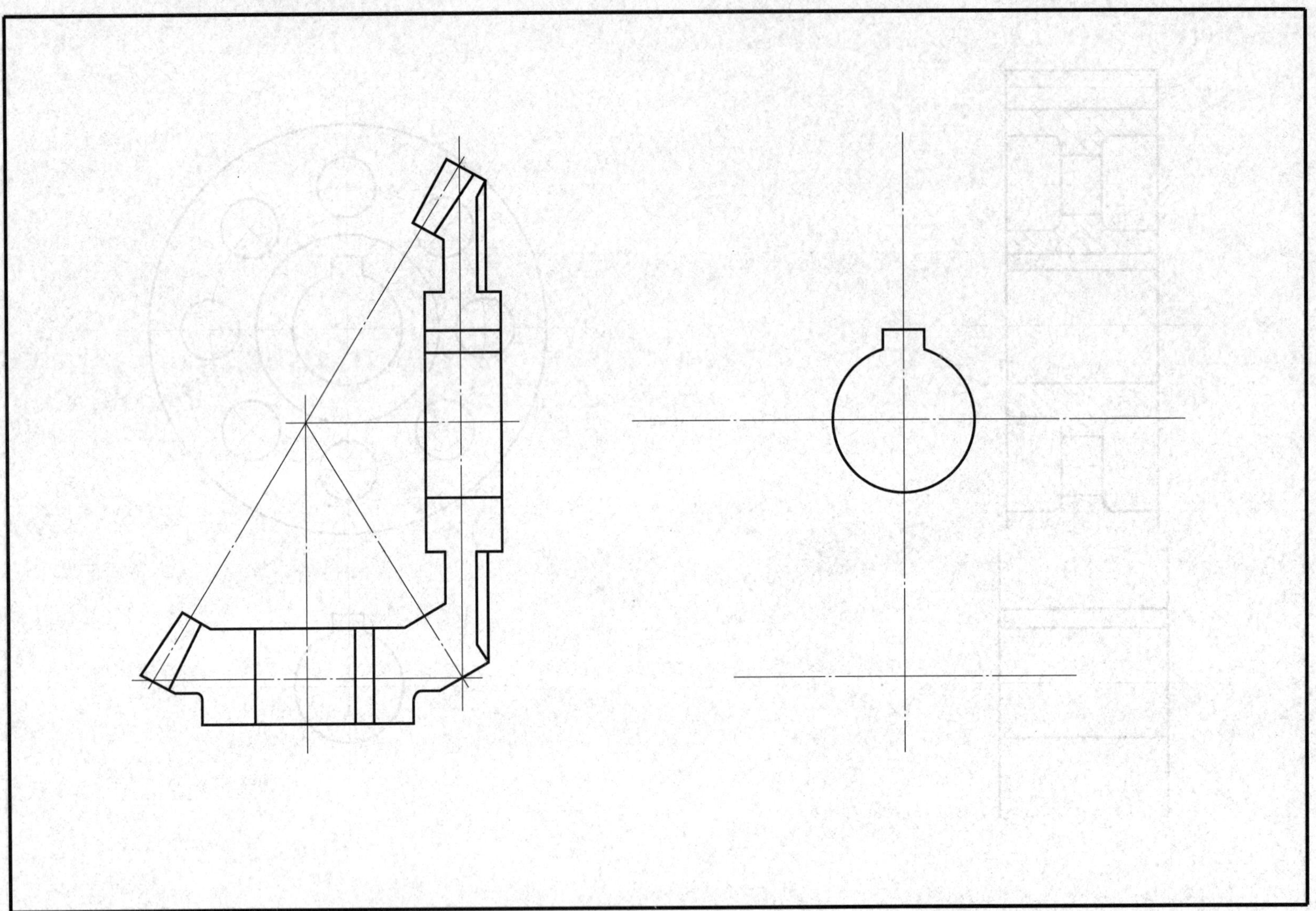

课题三　识读键、销连接图

7—3—1　完成键连接和销连接的视图

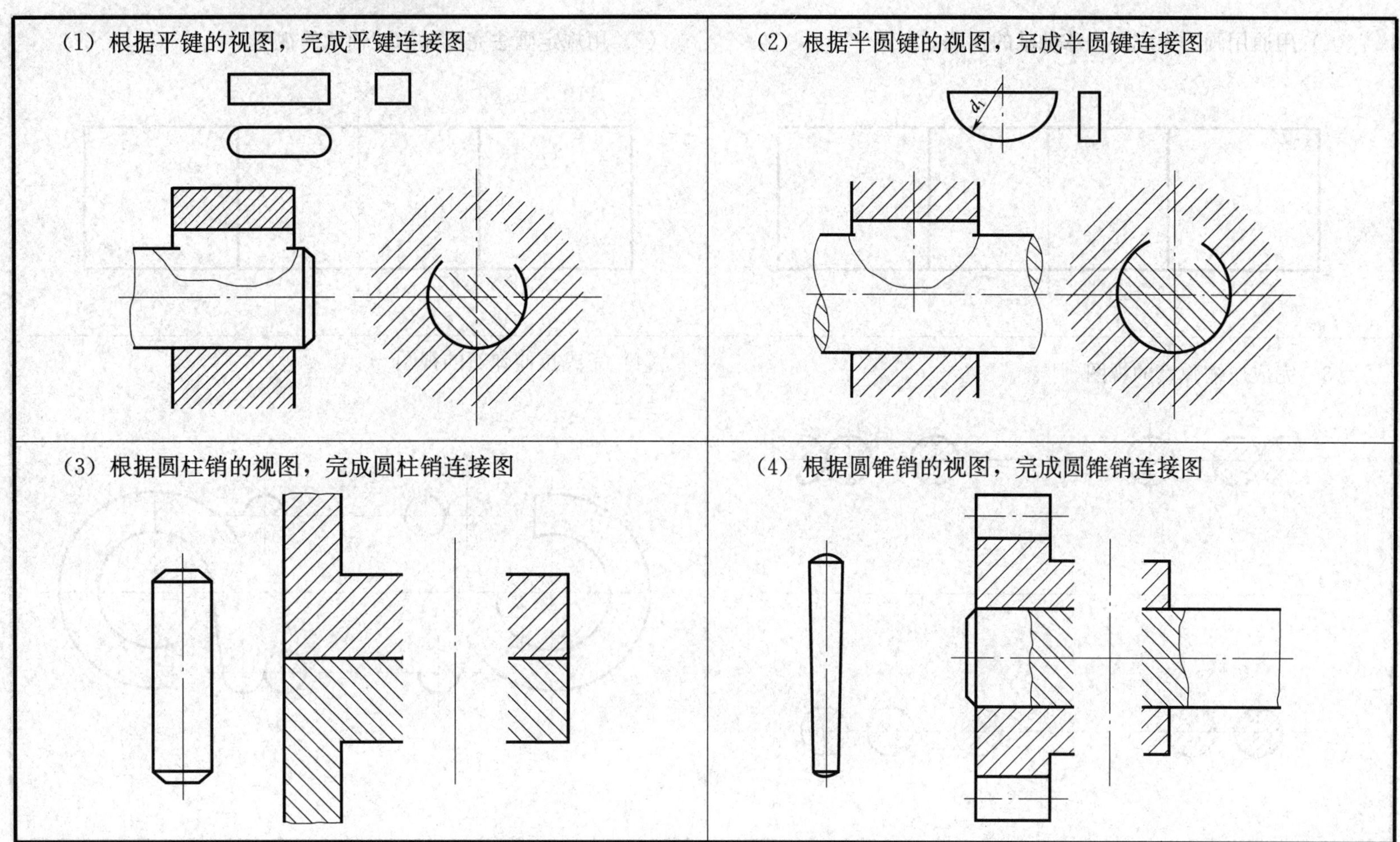

课题四　滚动轴承和弹簧

7—4—1　完成滚动轴承和弹簧的视图

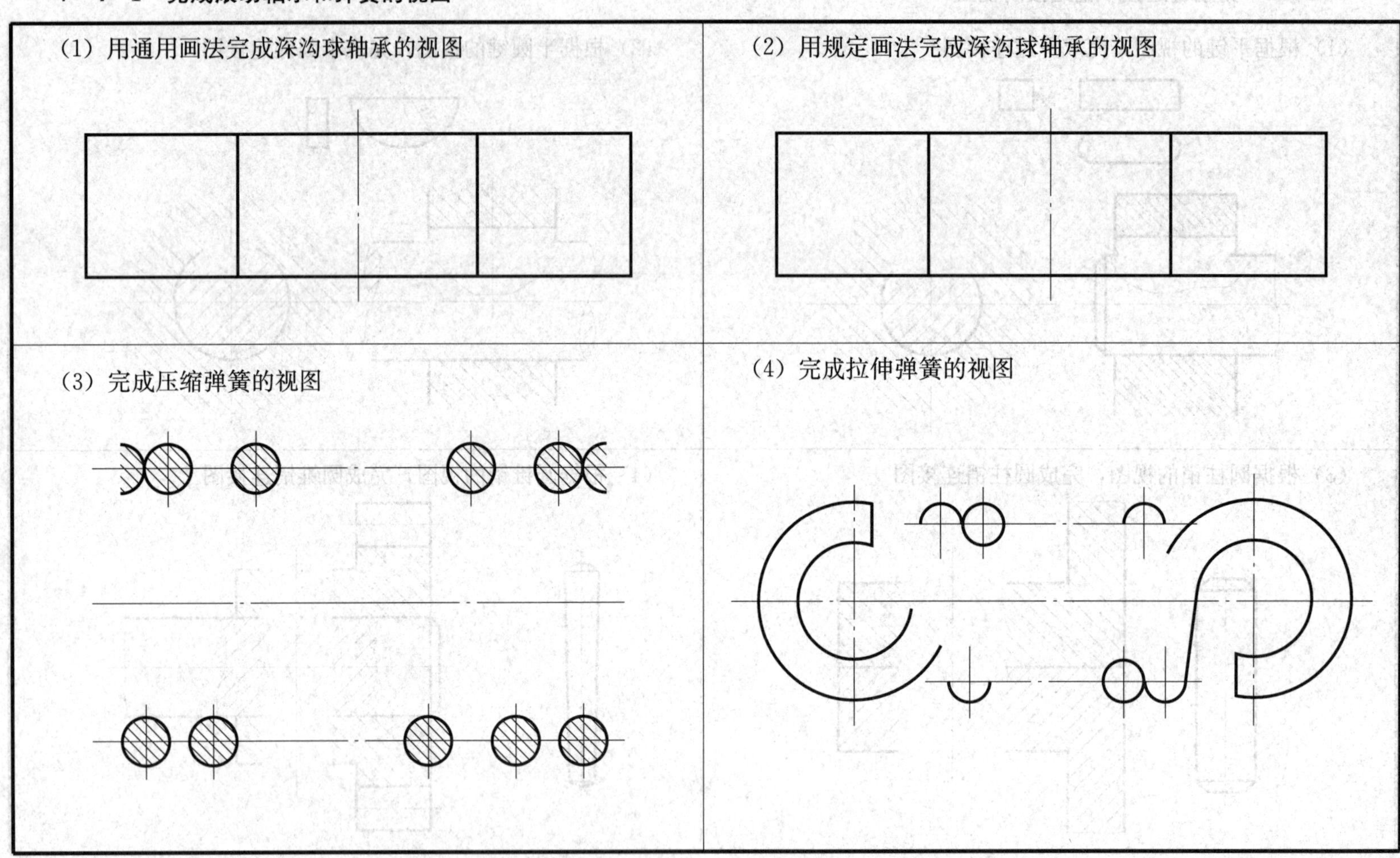

模块八　机 械 图 样

课题一　零　件　图

8—1—1　识读图样中的尺寸公差

(1) 根据图中的标注，填写表格

(2) 识读下面的视图，并回答问题

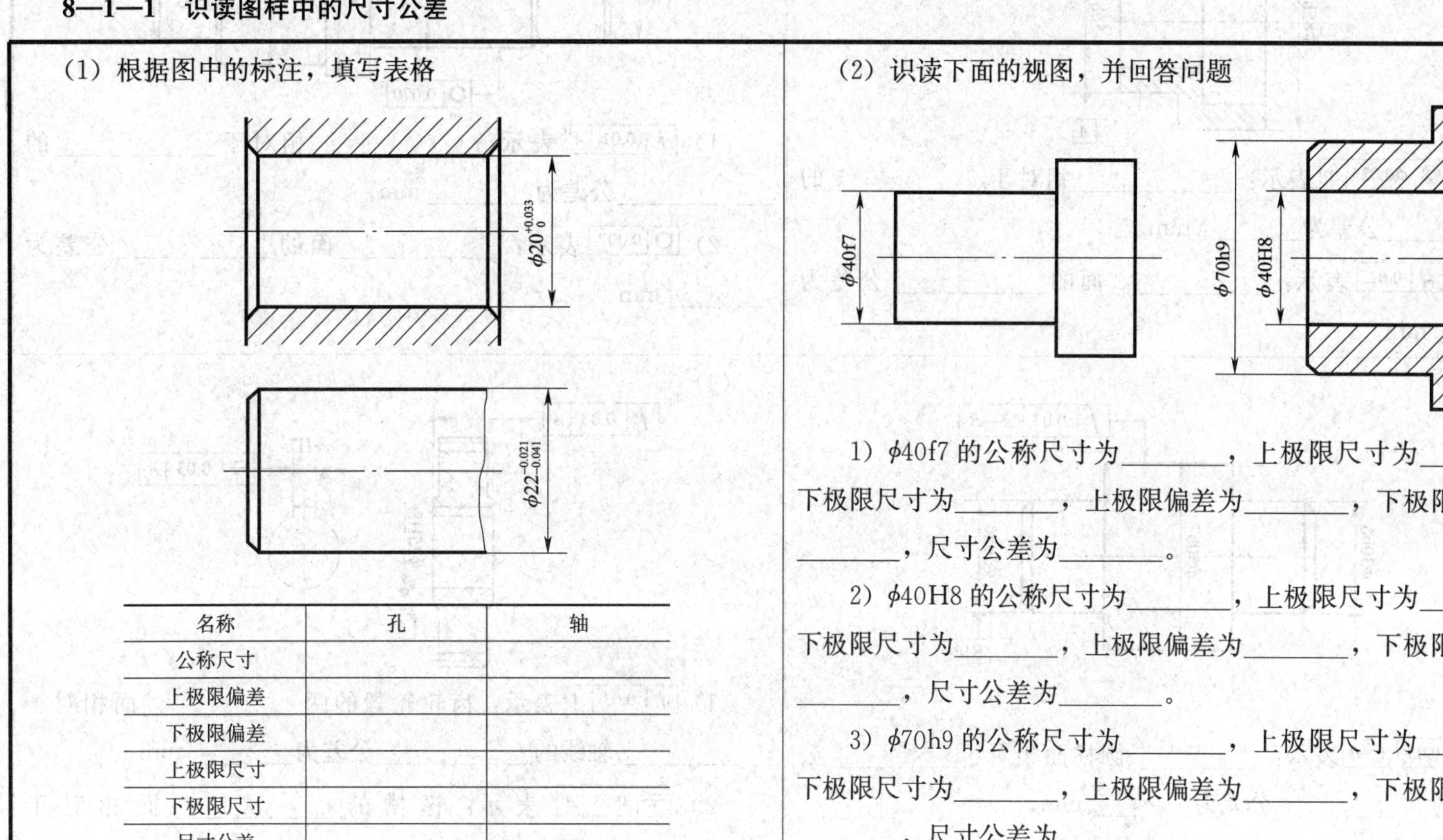

名称	孔	轴
公称尺寸		
上极限偏差		
下极限偏差		
上极限尺寸		
下极限尺寸		
尺寸公差		

1) $\phi40f7$ 的公称尺寸为________，上极限尺寸为________，下极限尺寸为________，上极限偏差为________，下极限偏差为________，尺寸公差为________。

2) $\phi40H8$ 的公称尺寸为________，上极限尺寸为________，下极限尺寸为________，上极限偏差为________，下极限偏差为________，尺寸公差为________。

3) $\phi70h9$ 的公称尺寸为________，上极限尺寸为________，下极限尺寸为________，上极限偏差为________，下极限偏差为________，尺寸公差为________。

8—1—2　识读图样中的几何公差

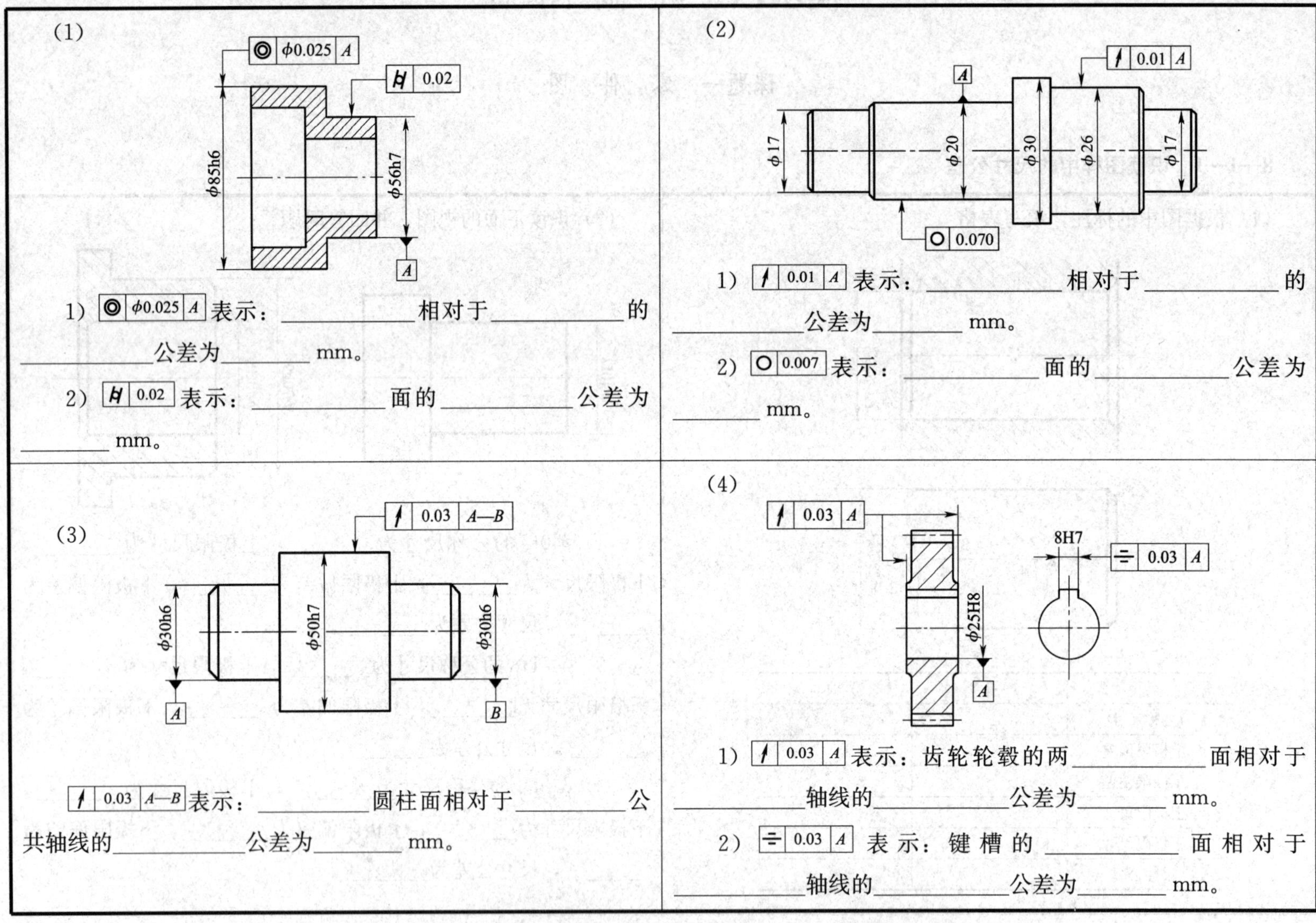

(1)

1）◎ φ0.025 A 表示：__________相对于__________的__________公差为________mm。

2）⌭ 0.02 表示：__________面的__________公差为________mm。

(2)

1）↗ 0.01 A 表示：__________相对于__________的__________公差为________mm。

2）○ 0.007 表示：__________面的__________公差为________mm。

(3)

↗ 0.03 A—B 表示：__________圆柱面相对于__________公共轴线的__________公差为________mm。

(4)

1）↗ 0.03 A 表示：齿轮轮毂的两__________面相对于__________轴线的__________公差为________mm。

2）⌯ 0.03 A 表示：键槽的__________面相对于__________轴线的__________公差为________mm。

8—1—3　识读图样中的表面结构代号

（1）根据图中标注的表面结构代号填写表格

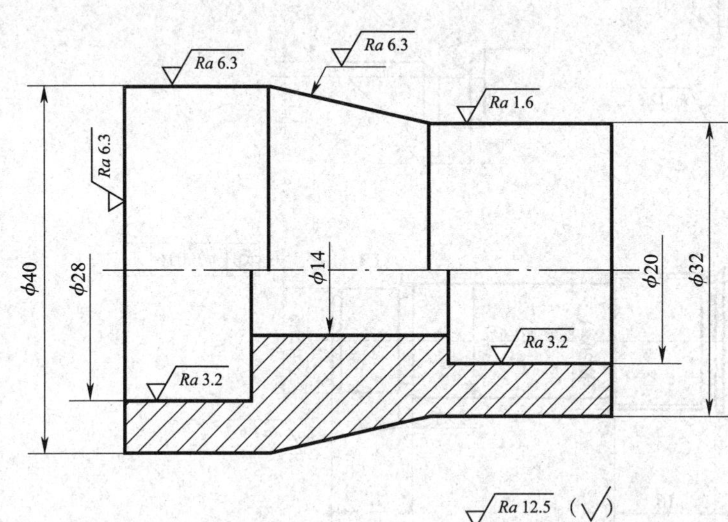

表面名称	ϕ28 mm 孔	ϕ20 mm 孔	ϕ14 mm 孔	圆锥面
表面结构代号				
表面名称	ϕ40 mm 圆柱面	ϕ32 mm 圆柱面	零件右端面	零件左端面
表面结构代号				

（2）根据图中标注的表面结构代号填写表格

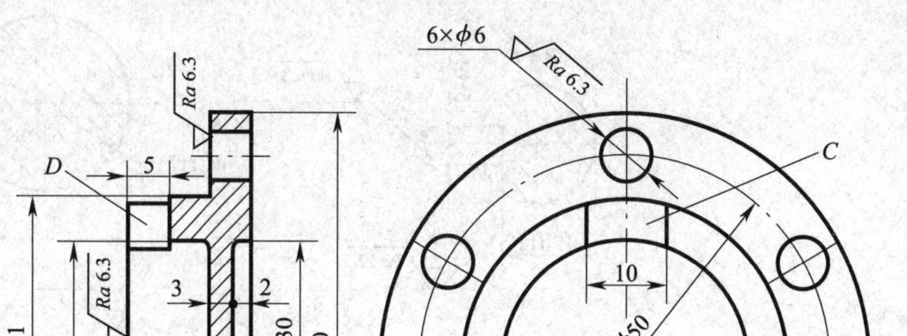

表面名称	ϕ30 mm 孔	6×ϕ6 mm 孔	零件左端面	零件右端面
表面结构代号				
表面名称	A 面	B 面	C 面	D 面
表面结构代号				

8—1—4　识读轴的零件图，回答问题

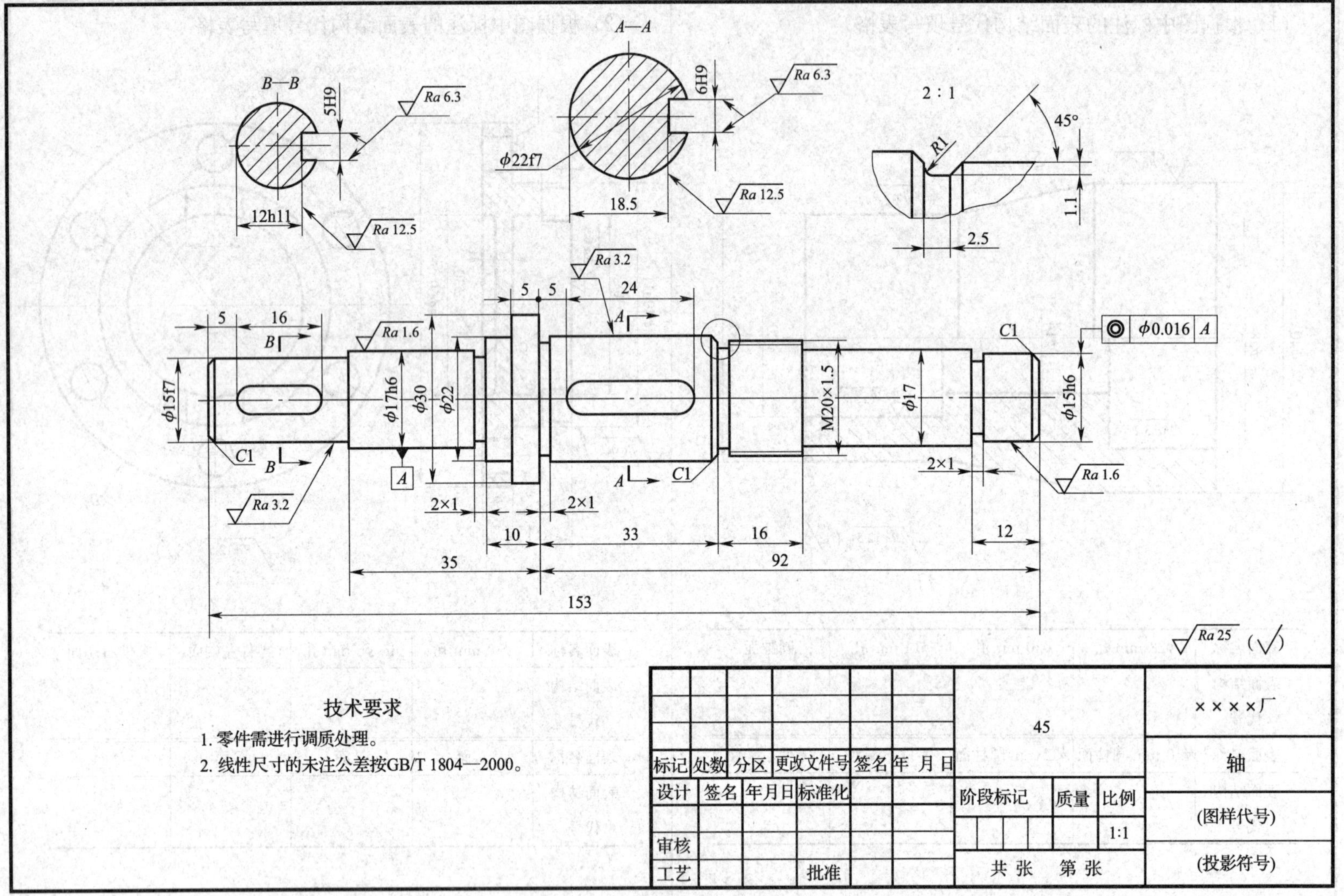

8—1—4（续）

识读轴的零件图，回答下列问题：

（1）表达该零件共用了________个图形，其中有________个基本视图。

（2）A—A 是________图，B—B 是________图，在零件图右上侧图形上方标注 2∶1 的图是________图，没有标注视图名称的原因是________________________________。

（3）基本视图采用的绘图比例是________。局部放大图采用的绘图比例是________。

（4）图中所注几何公差 | ◎ | 0.016 | A | 表示：________的轴线相对于________轴线的________公差为________。

（5）代号 ϕ15f7 的公称尺寸为________，基本偏差代号为________，公差等级为________。

（6）图中 M20×1.5 处的结构是________。

（7）左侧键槽的定形尺寸为________ mm、________ mm 和________ mm，定位尺寸为________ mm。

（8）ϕ22f7 圆柱上键槽底面的表面结构代号为________，两侧面的表面结构代号为________。

（9）ϕ30 mm 圆柱面的表面结构代号为________，ϕ15h6 圆柱面的表面结构代号为________。

（10）ϕ22f7 的上极限尺寸为________ mm，下极限尺寸为________ mm。

注：图中所注退刀槽尺寸“2×1”表示槽的宽度为 2 mm，深度为 1 mm。

8—1—5　识读电容器支架的零件图，回答问题

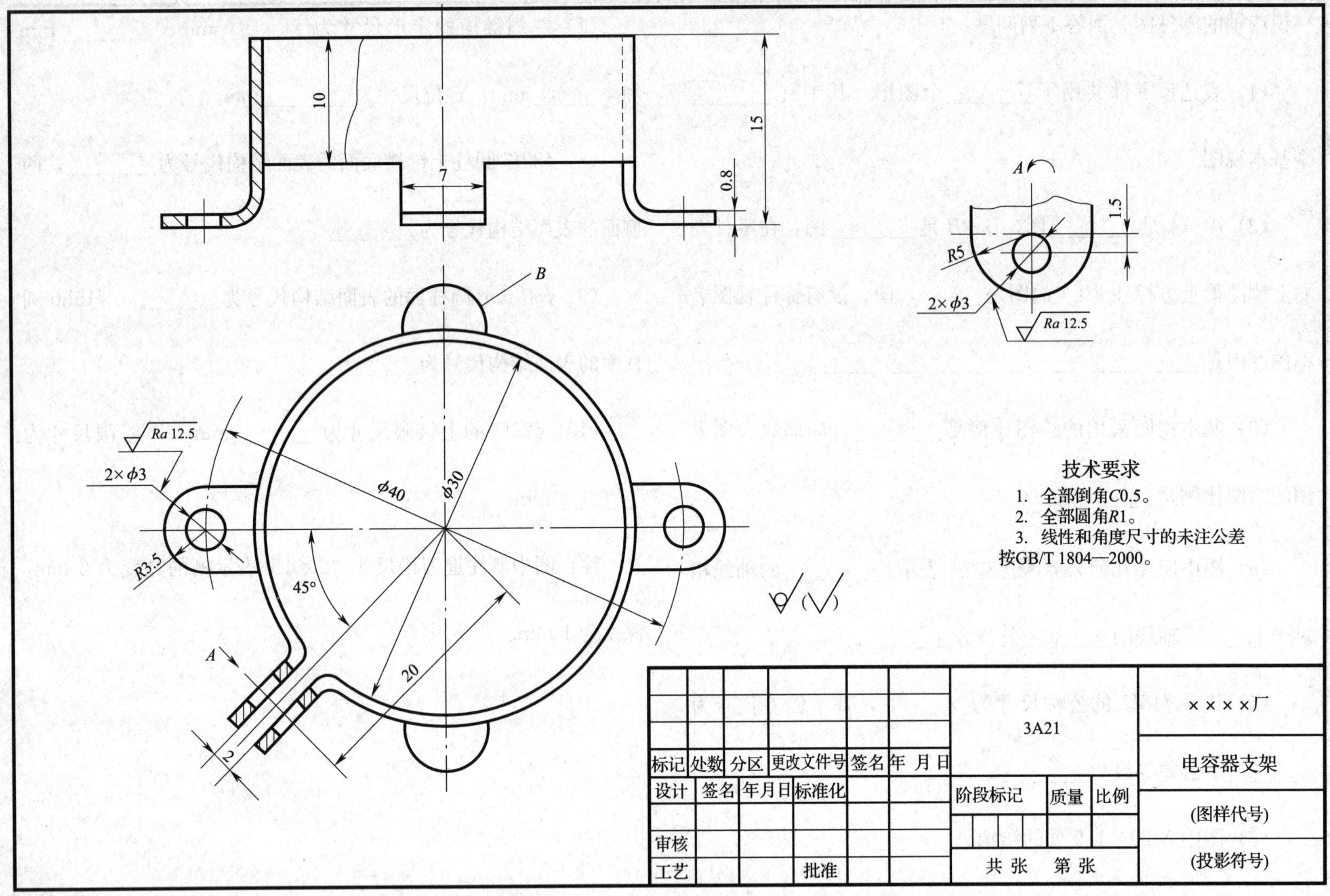

8—1—5（续）

识读电容器支架零件图，回答下列问题：

（1）该零件采用了________、________和________三个视图表达其形状结构，其中主视图采用________剖视，俯视图采用________剖视。

（2）“A↶”中的符号↶表示________________。

（3）该零件的板厚为________mm，该零件上共有________个 $\phi 3$ mm 的孔。

（4）底座上的两个小孔的直径为________mm，定位尺寸为________。

（5）斜耳上的 $2\times\phi 3$ mm 孔的定位尺寸为________和________，其轴线离顶面________mm。

（6）底座上小孔的表面结构代号为________，$\phi 30$ mm 内圆柱面的表面结构代号为________。

（7）B 指引处圆弧的半径为________mm。

（8）图中的线性尺寸和角度尺寸均未注出公差，其尺寸公差应按____________________控制。

（9）斜耳上的 $R5$ mm 圆弧的圆心距离 $2\times\phi 3$ mm 小圆孔的圆心________mm。

8—1—6　识读拨叉的零件图，回答问题

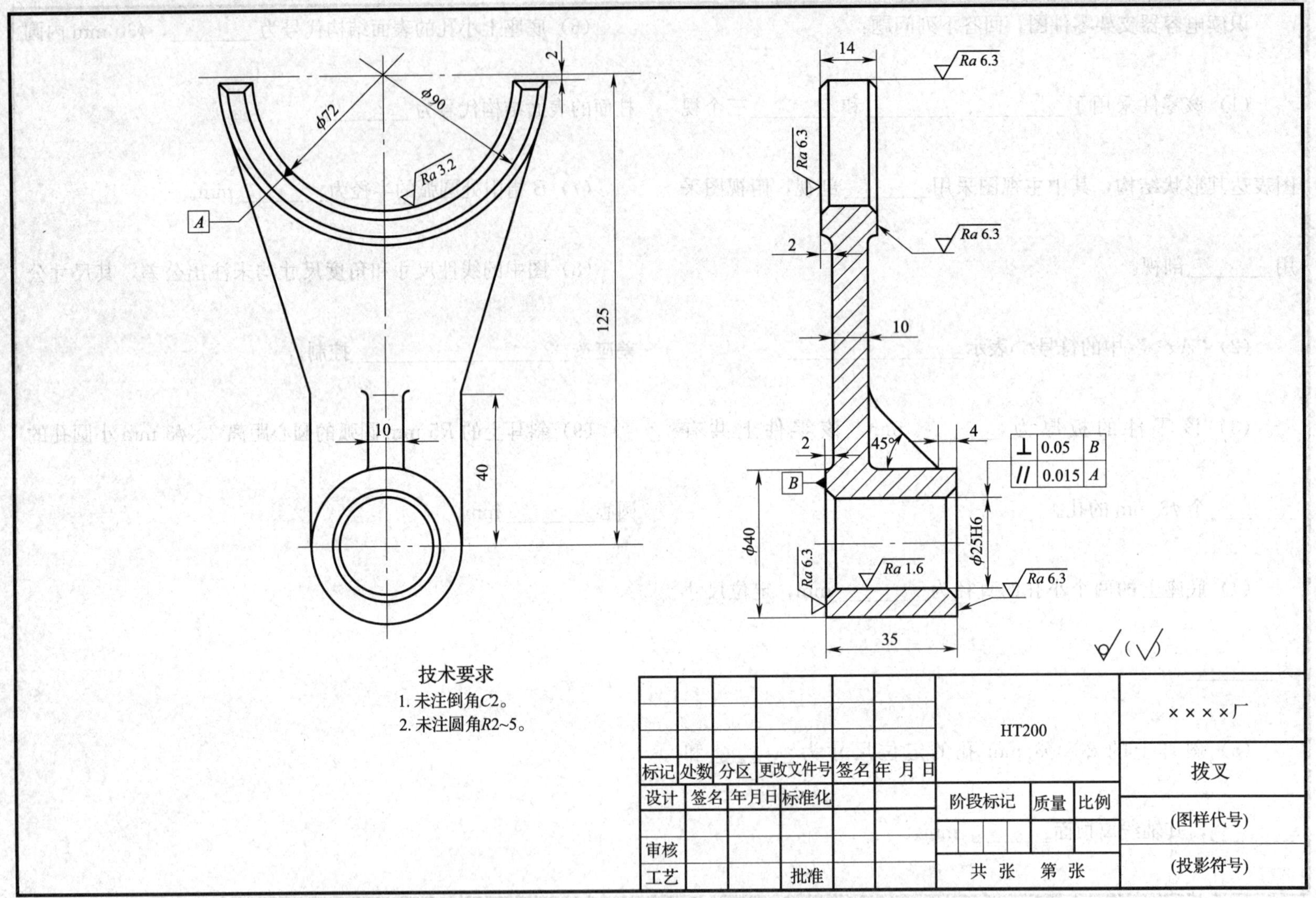

8—1—6（续）

识读拨叉零件图，回答下列问题：

（1）该零件图的主视图主要为了表达零件的________________。

（2）该零件图的左视图采用了________剖视图，主要用于表达零件的________________。

（3）确定肋板形状的尺寸有________、________和________。

（4）零件下方圆筒的内孔直径为________，表面结构代号为________。外圆直径为________，表面结构代号为________。

（5）零件上部半圆形拨叉的半圆槽的半径为________mm，定位尺寸为________，表面结构代号为________。

（6）在该零件上有________处倒角，其位置分别为____。

（7）在该零件图的视图上，未注表面结构代号的表面有____________________，其表面结构要求标注在____________，表面结构代号是________。

（8）ϕ25H6孔的上极限尺寸为________mm，下极限尺寸为________mm。

（9）| ⊥ | 0.05 | B | 表示：被测要素为____________，基准要素为__________，几何公差项目为____________，公差值为____________。

（10）| // | 0.015 | A | 表示：被测要素为____________，基准要素为____________，几何公差项目为____________，公差值为____________。

课题二　装　配　图

8—2—1　识读定位器的装配图

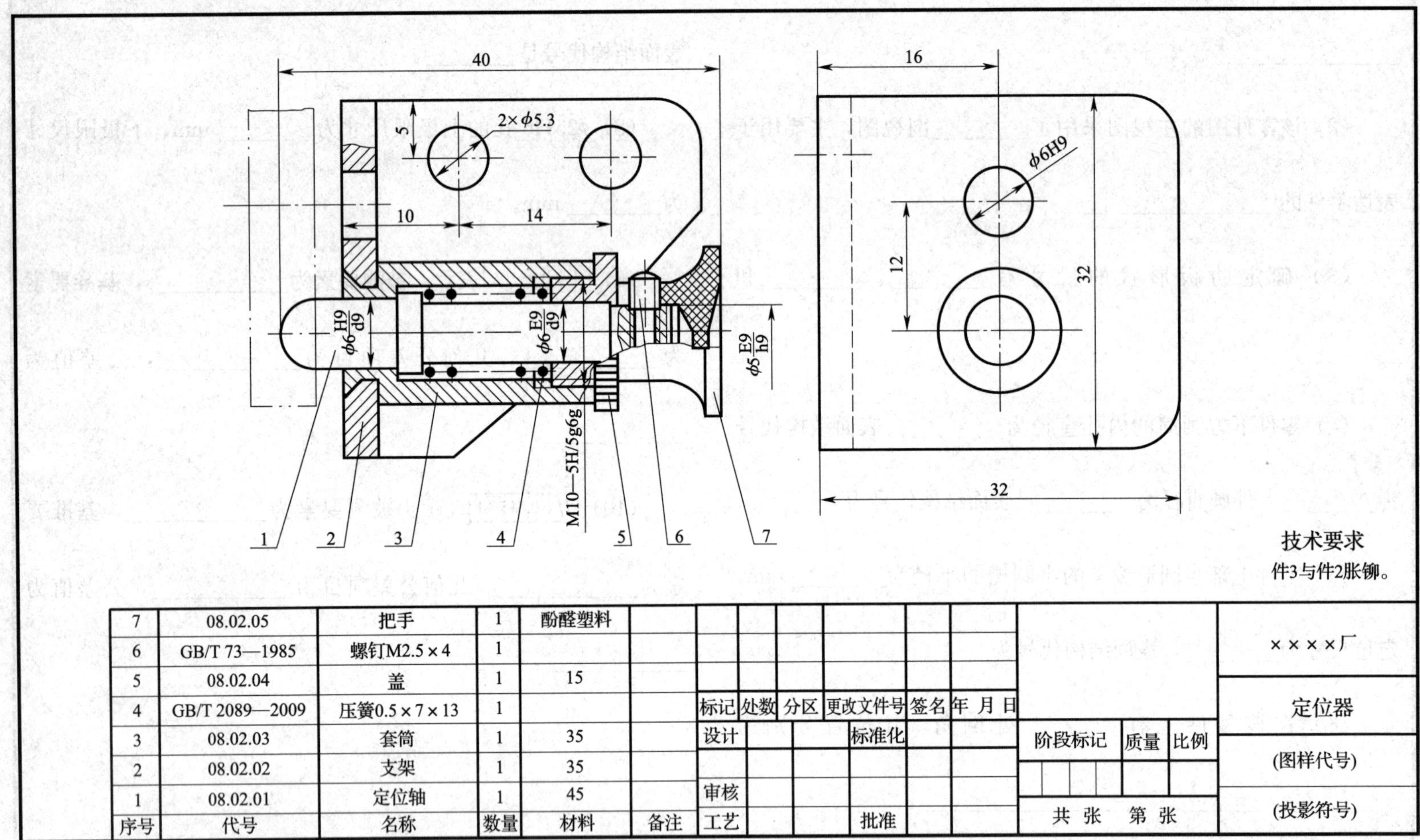

技术要求

件3与件2胀铆。

序号	代号	名称	数量	材料	备注
7	08.02.05	把手	1	酚醛塑料	
6	GB/T 73—1985	螺钉M2.5×4	1		
5	08.02.04	盖	1	15	
4	GB/T 2089—2009	压簧0.5×7×13	1		
3	08.02.03	套筒	1	35	
2	08.02.02	支架	1	35	
1	08.02.01	定位轴	1	45	

标记	处数	分区	更改文件号	签名	年 月 日				××××厂
设计			标准化			阶段标记	质量	比例	定位器
审核									(图样代号)
工艺			批准			共 张 第 张			(投影符号)

8—2—1（续）

定位器工作原理：定位器安装在电子仪器箱体上，图中 $2\times\phi5.3$ mm 孔是该装配体的安装孔。工作时，定位轴 1 的半圆球端插入需要变换位置的定位板（图中用细双点画线表示）中。需换位时，可将把手 7 向外（右）拉出，定位板转位后再松开把手 7，在压簧 4 的作用下，使定位轴 1 的半圆球端再插入定位板的另一个定位孔中。

识读定位器装配图，并回答下列问题：

（1）共用了________个视图来表达定位器的结构，它们分别是________视图和________视图；该装配图的主视图采用________剖视。

（2）零件 1 左侧不画剖面符号的原因是____。

（3）该装配图所示位置定位板________（能，不能）变换位置。

（4）套筒和支架之间是用________连接的，零件 1 和零件 7 是用________连接的。

（5）压簧被压在零件________和零件________之间。

（6）$\phi5.3$ mm 的孔有________个，其作用是________，孔的定位尺寸是________、________和________。在装配图中该孔的定形、定位尺寸统称为________尺寸。

（7）该装配图的总长为________，总宽为________，总高为________。

（8）$\phi6\frac{H9}{d9}$ 是________尺寸，它表示零件________和零件________之间的配合。

（9）在零件________和零件________上加工了螺纹。

（10）在该装配图中弹簧是怎样表达的？

（11）拆画零件 3 的视图（尺寸从图中量取）。

8—2—2　识读发信器的装配图

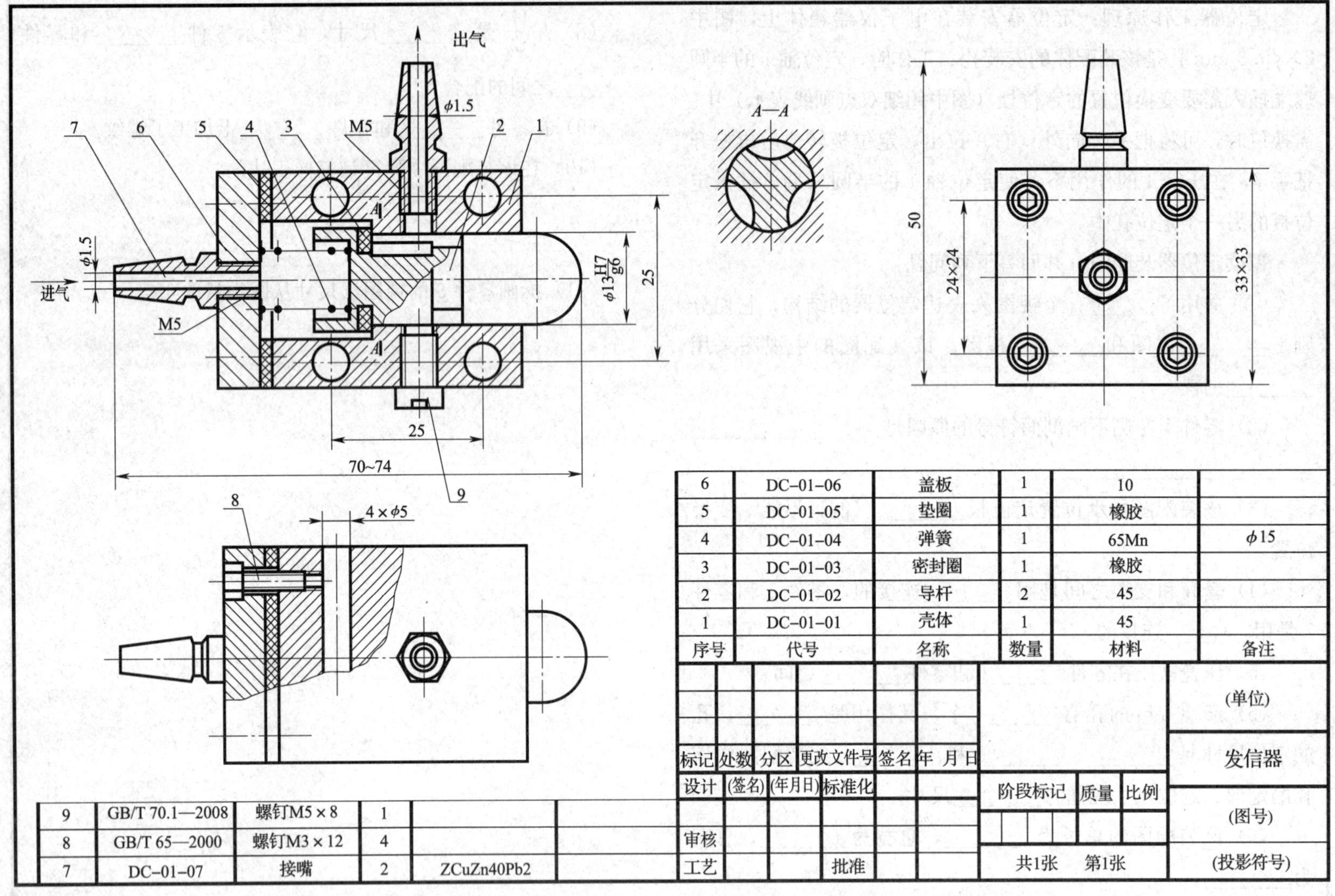

序号	代号	名称	数量	材料	备注
9	GB/T 70.1—2008	螺钉M5×8	1		
8	GB/T 65—2000	螺钉M3×12	4		
7	DC-01-07	接嘴	2	ZCuZn40Pb2	
6	DC-01-06	盖板	1	10	
5	DC-01-05	垫圈	1	橡胶	
4	DC-01-04	弹簧	1	65Mn	ϕ15
3	DC-01-03	密封圈	1	橡胶	
2	DC-01-02	导杆	2	45	
1	DC-01-01	壳体	1	45	

发信器工作原理：当导杆 2 受外力左移时，密封圈 3 随之左移，由左侧进气口进入的气体可以从上方的出气口排出，即可发出信号，反之无信号，旋下螺钉 9，安上接嘴可接通两个信号。

识读发信器装配图，回答下列问题：

(1) 共用了________个视图来表达该发信器的结构，分别是________视图、________视图和________视图；A—A 视图是________________图。

(2) 序号为 2 的零件右部未剖的原因是：____。

(3) 零件 3 是怎样与零件 2 连接在一起的？

(4) 出气接嘴的件号是________。

(5) 该装配图所示位置能否发出信号？为什么？

(6) 该装配体的安装尺寸有 3 个，它们分别是________、________和________。

(7) 配合尺寸 $\phi13\ \frac{H7}{g6}$ 是指________和________之间的配合。

(8) 该装配体的总长是________，总宽是________，总高是________。

(9) 零件 6 用________连接在零件 1 上。进气接嘴用________连接在零件 6 上。

(10) 在该装配图中弹簧是怎样表达的？

(11) 画出导杆 2 的视图（尺寸从图中量取）。

8—2—3　识读旋塞的装配图

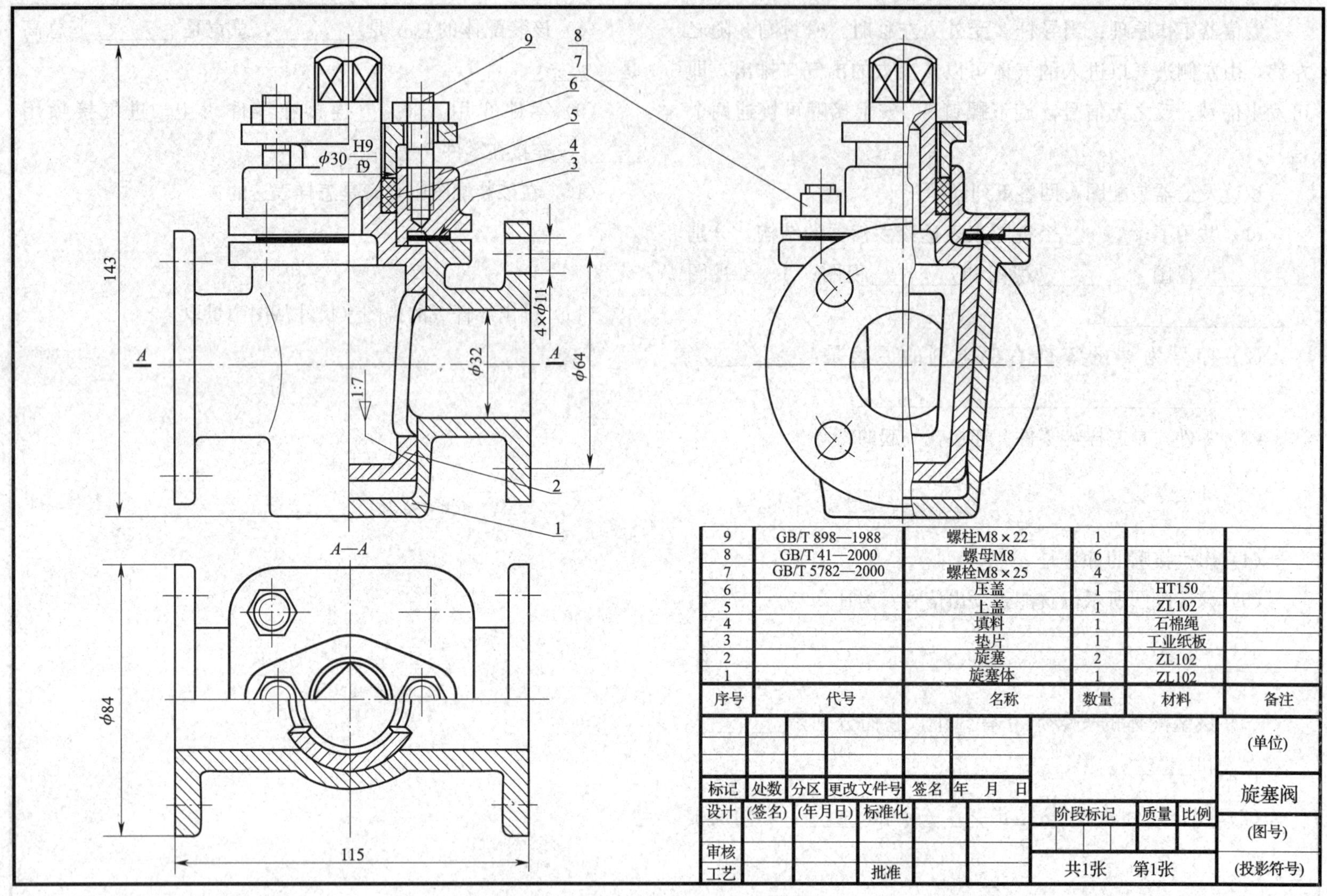

9	GB/T 898—1988	螺柱M8×22	1		
8	GB/T 41—2000	螺母M8	6		
7	GB/T 5782—2000	螺栓M8×25	4		
6		压盖	1	HT150	
5		上盖	1	ZL102	
4		填料	1	石棉绳	
3		垫片	1	工业纸板	
2		旋塞	2	ZL102	
1		旋塞体	1	ZL102	
序号	代号	名称	数量	材料	备注

8—2—3（续）

看懂旋塞阀装配图，回答下列问题：

（1）该装配图的主视图采用________剖视，俯视图采用________剖视，左视图采用________剖视。

（2）该装配体的总长是________，总宽是________，总高是________。

（3）4×ϕ11 mm 和 ϕ64 mm 属于________尺寸。ϕ30H9/f9 属于________尺寸。

（4）零件 5 和零件 6 是靠零件________和________连接的，零件 2 是靠零件________压紧在零件 1 上的。

（5）零件 4 的作用是________________________________。

（6）当旋塞 2 处于图示位置时，该装配体的工作状态是________（通、止）。

（7）如何拆下旋塞 2?

（8）画出旋塞 2 的主、俯视图（尺寸从图中量取）。

模块九　电气识图基础

课题一　识读电气符号

任务1　识读图形符号

一、填空题（将答案填在横线空白处）

1. 图形符号是指________________________。

2. 电气简图用图形符号主要由__________、__________和__________组成。

3. 当某些特定装置或概念的图形符号在标准中未被列出时，允许通过____________________进行适当组合，派生出新的图形符号。

二、选择题（将正确答案的序号填在括号内）

1.（　　）是指用来表示一类产品和此类产品特征的一种简单符号。

A. 一般符号　　B. 限定符号　　C. 框形符号

2.（　　）是指用来提供附加信息的一种加在其他符号上的符号。

A. 一般符号　　B. 限定符号　　C. 组合符号

3. 下列属于框形符号的是（　　）。

A.　　B.　　C.

三、简答题

1. 什么是电气简图？

2. 图形符号的一般选择原则是什么？

3. 图 9—1 所示的定子绕组为星形连接的交流发电机的图形符号是由哪些图形符号组合而成？将答案填在表中。

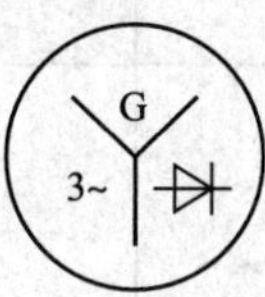

图 9—1　定子绕组为星形连接的交流发电机的图形符号

图形符号	表示意义	图形符号	表示意义

4. 图 9—2 所示的低压断路器的图形符号是由哪些图形符号组合而成的？将答案填在表中。

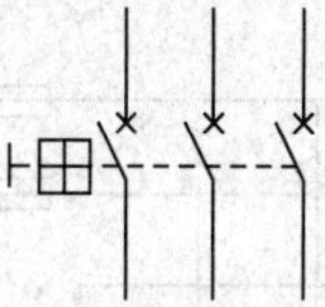

图 9—2　低压断路器的图形符号

图形符号	表示意义	图形符号	表示意义

5. 将图 9—3 所示的三相笼型感应电动机点动控制电路图中的图形符号摘画出来，并填在表中。

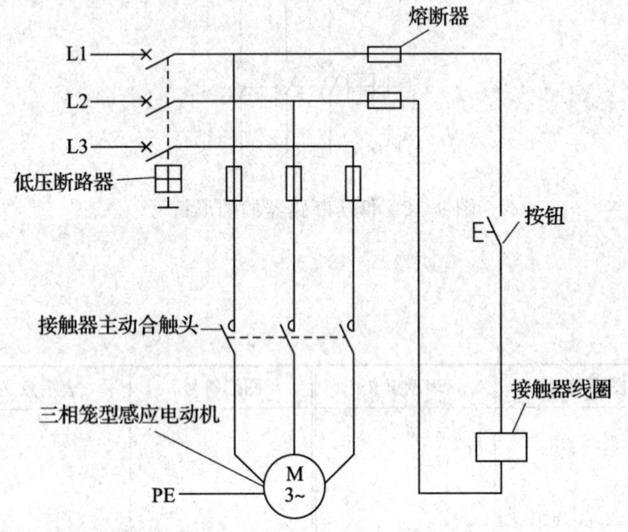

图 9—3 三相笼型感应电动机点动控制电路图

<table>
<tr><th colspan="2">名称</th><th>图形符号</th></tr>
<tr><td colspan="2">低压断路器</td><td></td></tr>
<tr><td colspan="2">熔断器</td><td></td></tr>
<tr><td colspan="2">按钮</td><td></td></tr>
<tr><td rowspan="2">交流接触器</td><td>操作器件</td><td></td></tr>
<tr><td>主触头</td><td></td></tr>
<tr><td colspan="2">三相笼型感应电动机</td><td></td></tr>
</table>

任务2　识读字母代码

一、填空题（将答案填在横线空白处）

1. 字母代码是构成__________的主要组成部分，在特定的情况下，也可表示具体的____________。

2. 字母代码主要有__________和__________两种基本形式。

3. 双字母代码的第一位字母代码代表__________，第二位字母代码代表__________。

4. 基本文字符号分为__________和__________两种。

二、选择题（将正确答案的序号填在括号内）

1. 主类字母“R”可表示（　　）。

A. 二极管、电感器、电阻器

B. 电容器、电感器、电阻器

C. 熔断器、接触器、电阻器

2. 主类字母“Q”可表示（　　）。

A. 断路器、电力接触器、隔离开关

B. 断路器、控制开关、按钮

C. 断路器、隔离开关、熔断器

3. 主类字母“B”可表示（　　）。

A. 行程开关、接近开关、热过载继电器

B. 控制开关、行程开关、接近开关

C. 时间继电器、热过载继电器、保护继电器

4. 表示按钮的主类字母是（　　）。

A. T　　B. S　　C. K

5. 表示熔断器的主类字母是（　　）。

A. M　　B. F　　C. E

三、简答题

1. 什么是字母代码?

2. 什么是第一位（主类）字母代码?

3. 依据图 9—4 所示的三相笼型感应电动机点动控制电路图填表，并在图中标注出表示各电气元件的字母代码。

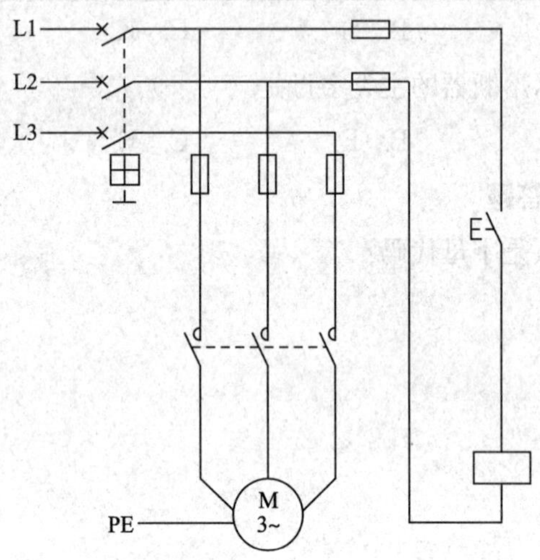

图 9—4　三相笼型感应电动机点动控制电路图

名称	双字母代码	主类字母代码	子类字母代码
低压断路器			
熔断器			
按钮			
交流接触器			
三相笼型感应电动机			

4. 电气领域一般用哪几个字母代表子类代码？

任务 3　识读参照代号

一、填空题（将答案填在横线空白处）

1. 用__________标识项目，可使__________和实物之间建立起明确的对应关系，从而方便查找、区分各种图形符号所表示的电气元件和设备。

2. 一个项目的结构通常包括____________面结构、____________面结构和__________面结构。

3. 单层参照代号由__________和__________组成。在某一项目内，单层参照代号的标识是__________的。

4. 当项目的构成比较复杂，采用单层参照代号不能完整表达信息时，便要引用项目的__________。

二、选择题（将正确答案的序号填在括号内）

1. （　　）参照代号是指对直接组成系统的特定项目给定的相对于系统的参照代号。

A. 单层　　　B. 多层

2. 项目产品面参照代号的前缀符号是（　　）。

A. ＝　　　B. －　　　C. ＋

三、简答题

1. 什么是参照代号？

2. 什么是功能面结构？

3. 什么是产品面结构？

4. 什么是位置面结构？

5. 依据图 9—5 所示的三相笼型感应电动机点动控制电路图，按要求回答问题。

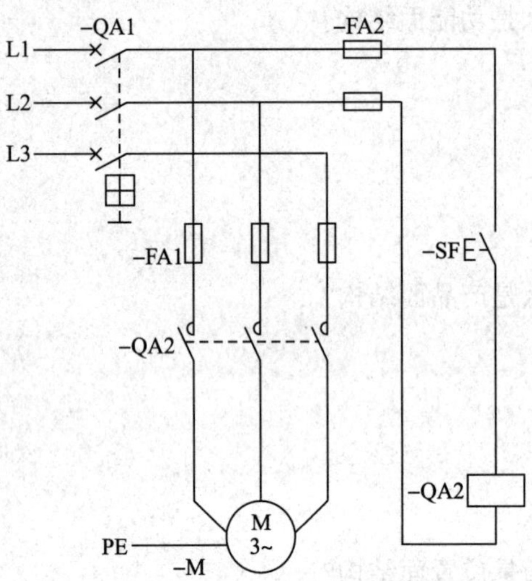

图 9—5　三相笼型感应电动机点动控制电路图

（1）填写下表。

元器件名称	参照代号	字母代码	
		主类	子类
低压断路器			
熔断器			
按钮			
交流接触器			
三相笼型感应电动机			

（2）图中项目标注的是什么面的参照代号？

（3）图中项目标注的参照代号是单层参照代号还是多层参照代号？

（4）与图形符号相关的参照代号常标注在图形符号的什么位置？

任务 4　识读端子代号

一、填空题（将答案填在横线空白处）

1．图 9—6 所示为端子标识的基本形式，图中__________为该项目端子的唯一标识符号，__________为端子所在项目的标识符号。

参照代号	:	端子代号

图 9—6　端子标识的基本形式

2．端子代号的编制顺序一般要遵循____________________的规定。

3．电阻器、继电器、模拟和数字硬件等电气元器件的端子代号应标在其图形符号的____________________。

二、选择题（将正确答案的序号填在括号内）

1．端子代号前的前缀符号为（　　）。

A．＝　　B．：　　C．＋

2．单个元件的两边端子用连续的两个数字来表示，奇数数字应（　　）偶数数字。

A．大于　　B．小于　　C．等于

三、简答题

1．什么是端子代号？

2．在一个系统内，某一端子的标识应该是唯一的，它包括哪些内容？

3．端子代号的代码有哪三种基本表示形式？

4．在画有围框的功能单元或结构单元中，端子代号必须标注在什么位置才能避免被误解？

5. 依据图 9—7 所示的三相笼型感应电动机点动控制电路图按要求回答问题。

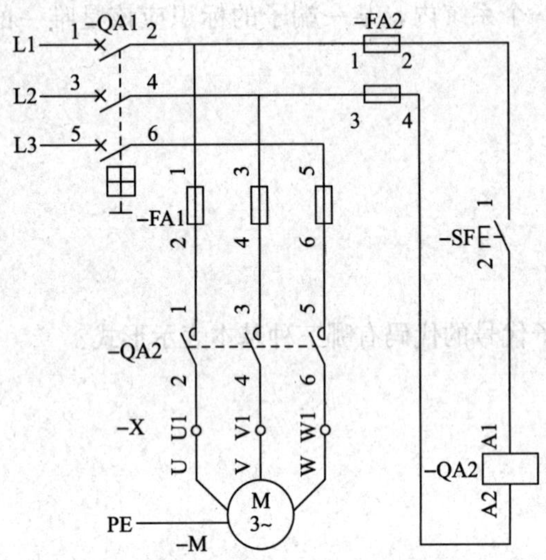

图 9—7　三相笼型感应电动机点动控制电路图

(1) 写出图中低压断路器“−QA1”的端子代号。

(2) 图中端子代号的代码有几种表示形式？举例说明。

课题二　识读电气图的基本表示方法

任务 1　识读图线的布置方式和电气元器件的布局方法

一、填空题（将答案填在横线空白处）

1. 表示导线、信号通路、连接线等的图线一般为________，即横平竖直，尽可能地减少____________。

2. 图线的布置方式一般有______________、____________和____________三种。

3. 电路或电气元器件的布局方法主要有______________和______________两种。

二、选择题（将正确答案的序号填在括号内）

1.（　　）布置是将表示设备和电气元器件的图形符号按横向布置，连接线呈水平方向，各类似项目纵向对齐。

A. 水平　　B. 垂直　　C. 交叉

2. 在功能布局法中，下列表述不正确的是（　　）。

A. 将表示对象划分为若干功能组，按照因果关系、动作顺序、功能联系等从左到右或从上到下布置

B. 为了强调并便于看清其中的功能关系，每个功能组的元器件应集中布置在一起，并尽可能按工作顺序排列

C. 表示电路或电气元器件的图形符号的布置与该元件实际安装位置基本一致

三、简答题

1. 如图 9—8 所示控制电路图中的图线是按什么方式布置的？该布置方式有何特点？

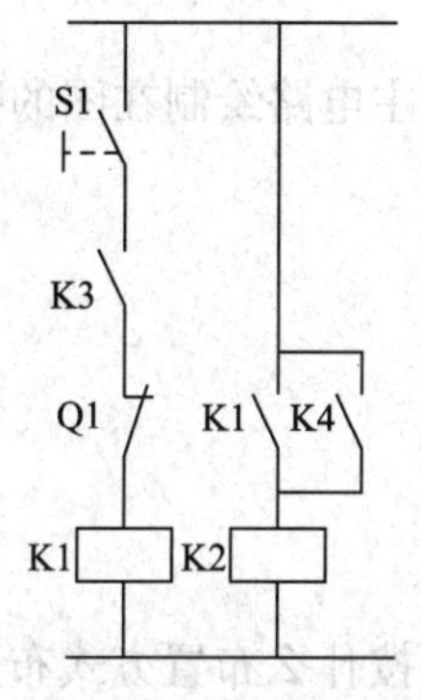

图 9—8　控制电路图

2. 依据图 9—7 所示三相笼型感应电动机点动控制电路图回答下列问题。

(1) 图中的电气元器件是按什么布局方法布局的？该布局方法有何特点？

(2) 图中电动机的主电路绘制在图的哪一边？控制电路绘制在图的哪一边？

(3) 图中电源线是按什么布置方式布置的？电动机的主电路和控制电路是按什么布置方式布置的。

3. 如图 9—9 所示三相笼型感应电动机点动控制电路的电气元器件布置图中的电气元器件是按什么布局方法布局的？该布局方法有何特点？

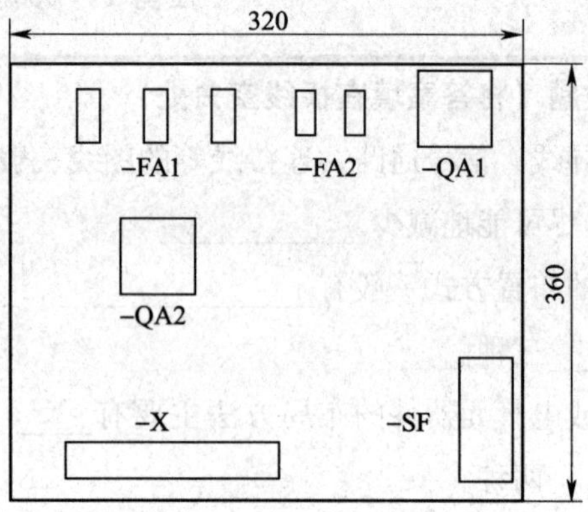

图 9—9　三相笼型感应电动机点动控制电路电气元器件布置图

任务 2　识读电气元器件的表示方法

一、填空题（将答案填在横线空白处）

1. 在集中表示法中，各组成部分用＿＿＿＿＿＿＿＿＿互相连接起来。

2. 分开表示法是指＿＿＿＿＿＿＿＿＿＿＿＿＿＿＿＿＿＿＿＿＿＿＿＿＿的方法。

3. 在电气图中，表示电气元器件图形符号可动部分通常表示在＿＿＿＿＿＿＿＿的状态或位置。

4. 接触器、电磁继电器、开关、按钮等元器件的触点符号，在同一电路中，在加电和受力后，各触点符号的动作方向应＿＿＿＿＿＿＿＿＿。

二、选择题（将正确答案的序号填在括号内）

1.（　　）是指在简图中把表示一个项目的各组成部分的图形符号绘制在一起的方法，它只适用于绘制简单的图。

A. 集中表示法　　　　　　B. 分开表示法

2. 用分开表示法绘制的图和用集中表示法绘制的图给出的信息量（　　）。

A. 不相等　　　　　　B. 相等

三、简答题

1. 依据图 9—10 所示三相笼型感应电动机接触器自锁正转控制电路图回答下列问题。

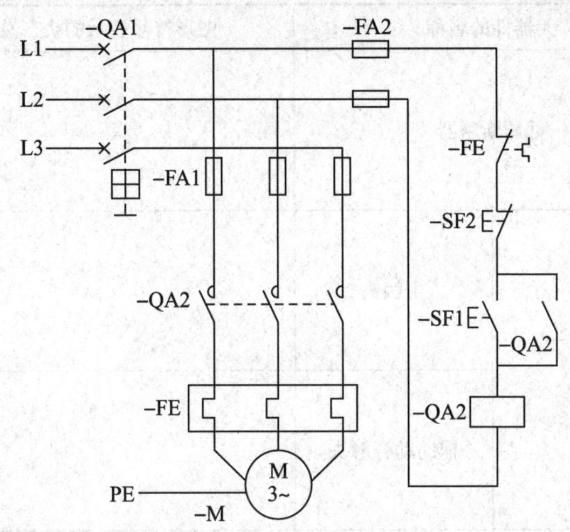

图 9—10　三相笼型感应电动机接触器自锁正转控制电路图

（1）图中电气元器件的图形符号是采用什么表示方法表示的？该表示方法有何特点？

（2）在表中写出图中低压断路器、接触器、按钮和热继电器图形符号表示的状态。

元器件的名称		图形符号表示的状态说明
低压断路器		
接触器	主触头	
	辅助动合触头	
按钮	动合按钮	
	动断按钮	
热继电器		

2. 图 9—11 所示三相笼型感应电动机接触器自锁正转控制电路图中电气元器件的图形符号是采用什么表示方法表示的？该表示方法有何特点？

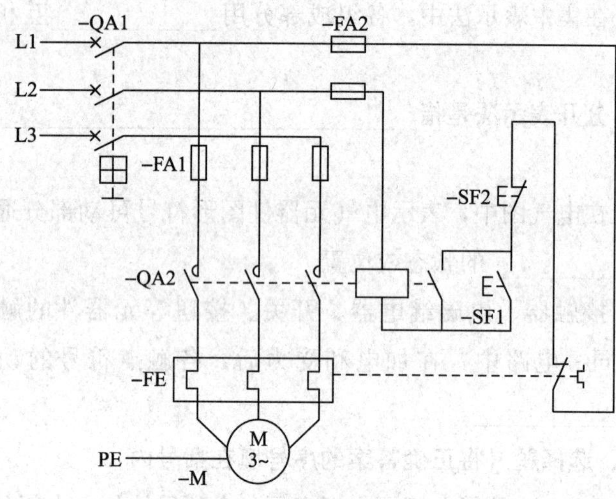

图 9—11　三相笼型感应电动机接触器自锁正转控制电路图

任务3　识读连接线的表示方法

一、填空题（将答案填在横线空白处）

1. 连接线既可以是表示______的导线，也可以是表示______的图线。

2. 为了突出或区分某些电路及电路的功能，连接线可采用______来表示。

3. ______的方法称为多线表示法。

4. 单线表示法主要适用于______的情况。

5. 连续表示法是指______的方法。

二、选择题（将正确答案的序号填在括号内）

1. 图形符号“———///———”表示（　　）导线。

A. 1　　B. 2　　C. 3

2. 图形符号“———/(3)———”表示（　　）导线。

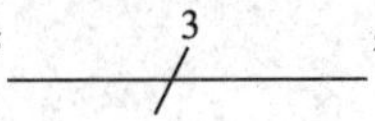

A. 1　　B. 2　　C. 3

3. 图形符号“⊢-\ 3”与（　　）等效。

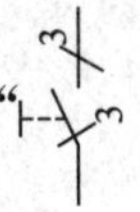

A. 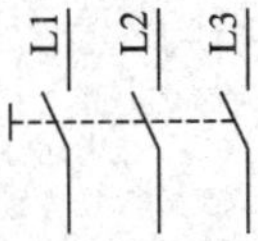 L1 L2 L3

B. 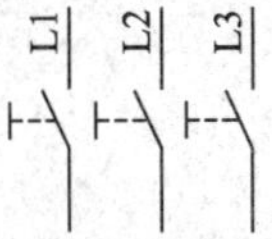 L1 L2 L3

4. 当穿越图面的连接线较长或穿越稠密区域时，为使图面清晰，可用（　　）绘制。

A. 中断表示法　　B. 连续表示法

三、简答题

1. 什么是单线表示法？

2. 什么是中断表示法？

3. 依据图 9—12 所示三相笼型感应电动机接触器自锁正转控制电路图回答下列问题。

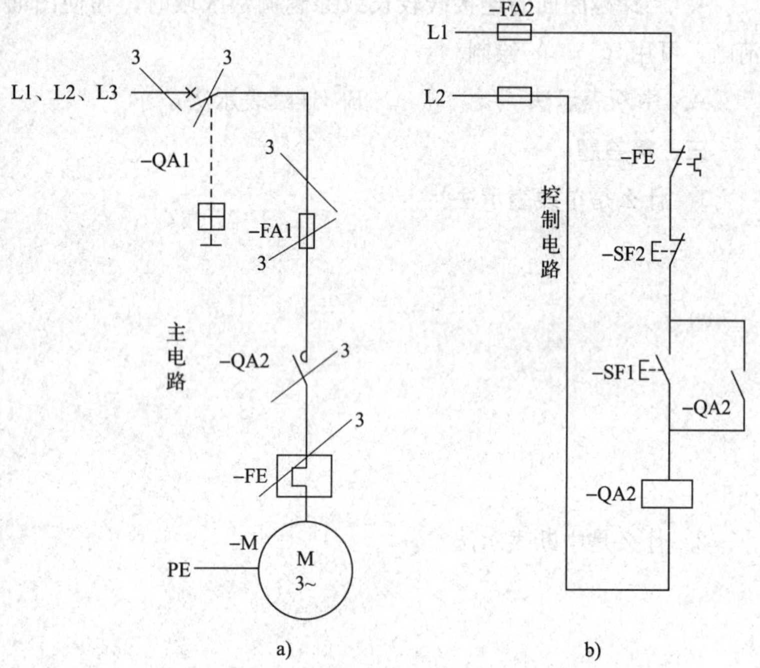

图 9—12 三相笼型感应电动机接触器自锁正转控制电路图

a）主电路 b）控制电路

（1）主电路图中的连接线是用什么表示法表示的？该表示法有何特点？

（2）将图 9—12 改画成用多线表示法表示。

4. 依据图 9—13 所示接线图回答下列问题。

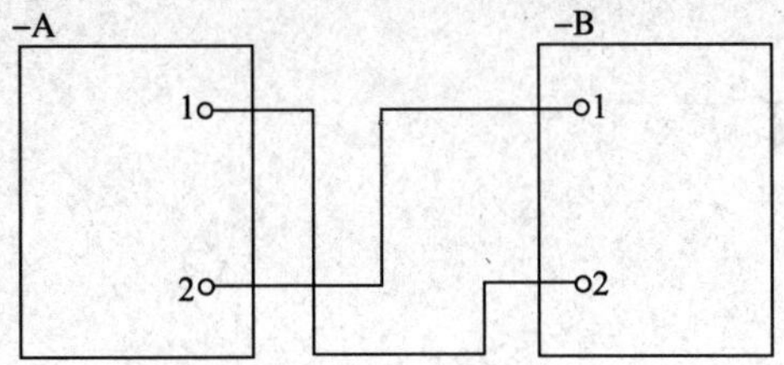

图 9—13　接线图示例

（1）图中的连接线是用什么表示法表示的？该表示法有何特点？

（2）将图 9—13 改画成用中断表示法表示。

模块十　识读典型电气图

课题一　认识基本电气图

任务1　概略图的识读

一、填空题（将答案填在横线空白处）

1. 概略图常采用国家标准中给定的________________绘制，它是一种______________________________的简图。

2. 概略图中框的表达形式有________和________两种，其中________包含的容量一般更多些。

二、选择题（将正确答案的序号填在括号内）

1. 概略图中前向通路上的信息流向是（　　），且控制信号流向应与过程流向垂直。

A. 从右到左、自下而上

B. 从右到左、自上而下

C. 从左到右、自上而下

2. 通常在较高层次的概略图上标注（　　）的参照代号。

A. 产品面　　　B. 功能面　　　C. 位置面

三、简答题

1. 依据图10—1所示控制系统概略图回答下列问题。

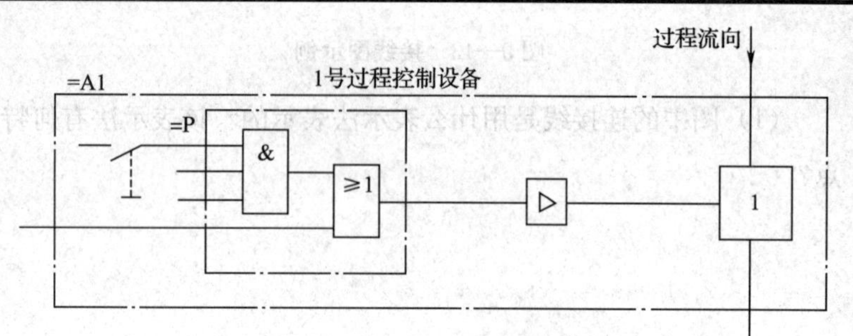

图10—1　控制系统概略图示例

(1) 图中控制信号流向与过程流向是怎样绘制的?

(2) 图中连接线与点画线框、实线框连接有何不同?

2. 依据图 10—2 所示的某工厂供电系统概略图回答下列问题。

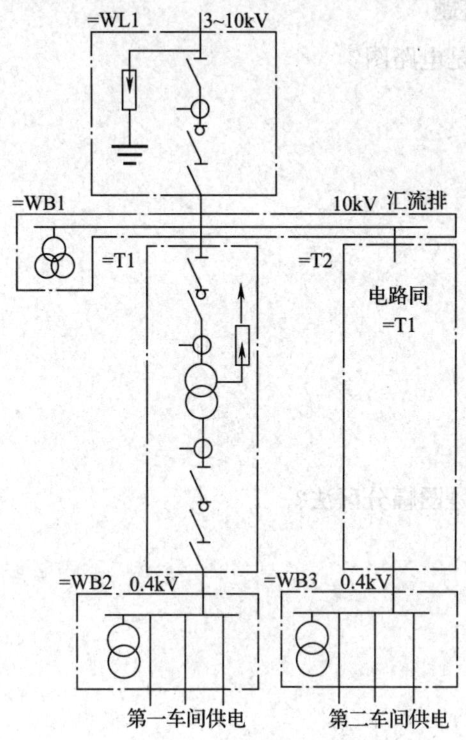

图 10—2 某工厂供电系统概略图

(1) 该图是用带注释的框绘制的，框内采用了什么注释方式？该注释方式有何特点？

(2) 图中电路或电气元器件是按什么布局法布置的？

(3) 图中带注释的框之间的连接线是用什么表示法表示的？

(4) 图中相同项目是怎样简化的？

任务 2　电路图的识读

一、填空题（将答案填在横线空白处）

1. 为了强调信号流，电路图中的连接线应__________，相关项目的图形符号应__________并使电路直接连通。

2. 为了强调功能关系，电路图中功能相关项目的图形符号应________________，彼此靠近。

3. 同等重要的并联支路应相对于公共通路______布置。

4. 电气元器件在电路图上位置的表示方法有__________、__________和__________三种。

二、选择题（将正确答案的序号填在括号内）

1. 图幅分区法的标记“2/B3”的含义是（　　）。

A. 第 2 张图中的 B 行 3 列

B. 第 2 张图中的 3 行 B 列

C. 第 3 张图中的 B 行 2 列

2. 电路图中电气元器件的可动部分通常表示在（　　）。

A. 激励、工作时的状态或位置

B. 非激励、不工作时的状态或位置

C. 非激励、工作时的状态或位置

3.（　　）是一种用阿拉伯数字按一定的顺序编号来确定各支路项目位置的方法。

A. 图幅分区法　　B. 表格法　　C. 电路编号法

三、简答题

1. 什么是电路图?

2. 什么是图幅分区法?

3. 依据图 10—3 所示三相笼型感应电动机接触器自锁正转电气控制电路图回答下列问题。

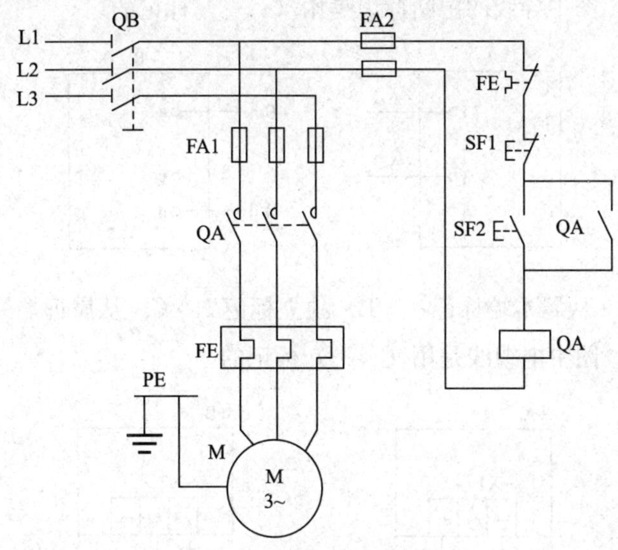

图 10—3　三相笼型感应电动机接触器自锁正转电气控制电路图

(1) 图中电源电路是采用什么表示方法表示的?

(2) 图中电气元器件是按什么布局方法布局的?

(3) 图中接触器（QA)、隔离开关（QB)、按钮（SF1、SF2)、热继电器（EF）分别表示在什么状态?

(4) 图中电气元器件是采用什么表示方法表示的?

(5) 从图中摘画出控制电路。

任务 3 接线图的识读

一、填空题（将答案填在横线空白处）

1. 接线图中的项目一般用______________符号表示。

2. 接线图中的端子一般用__________和____________表示。

3. 接线图中常用导线识别标记主要有________________和________________两种。

二、选择题（将正确答案的序号填在括号内）

1. 表示成套装置或设备中一个结构单元内部连接的情况，不包括单元之间的外部连接，但可给出与之有关的互连接线图的识别标识的接线图是（　　）。

A. 单元或组件的元器件之间的物理连接（内部）的接线图

B. 不同单元或组件之间的物理连接（外部）的接线图

C. 到一个单元的物理连接（外部）的接线图

2. （　　）又称为互连接线图。

A. 单元或组件的元器件之间的物理连接（内部）的接线图

B. 不同单元或组件之间的物理连接（外部）的接线图

C. 到一个单元的物理连接（外部）的接线图

3. 图中导线的中断标识是用（　　）标记的。

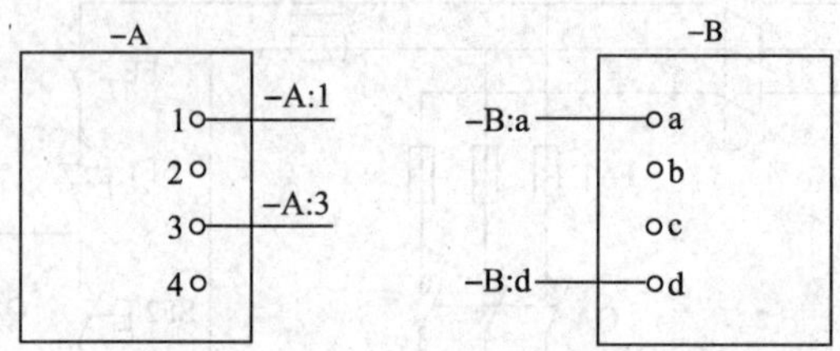

A. 从属本端标记　B. 独立标记　C. 从属远端标记

4. 图中电缆线是用（　　）标记的。

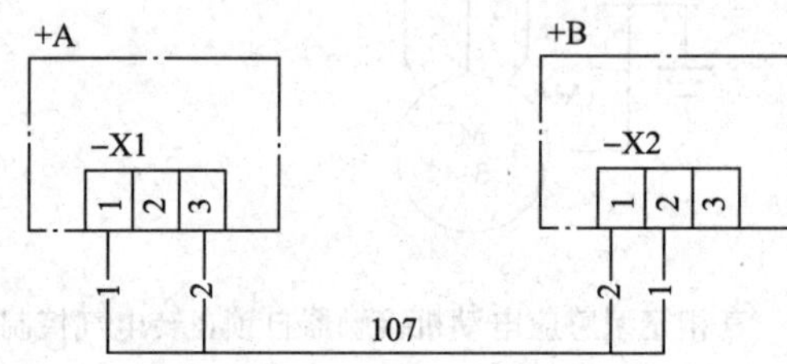

A. 从属本端标记　B. 独立标记　C. 从属远端标记

三、简答题

1. 什么是接线图？

2. 依据图 10—4 所示的某小型柴油发电机组接线图回答下列问题。

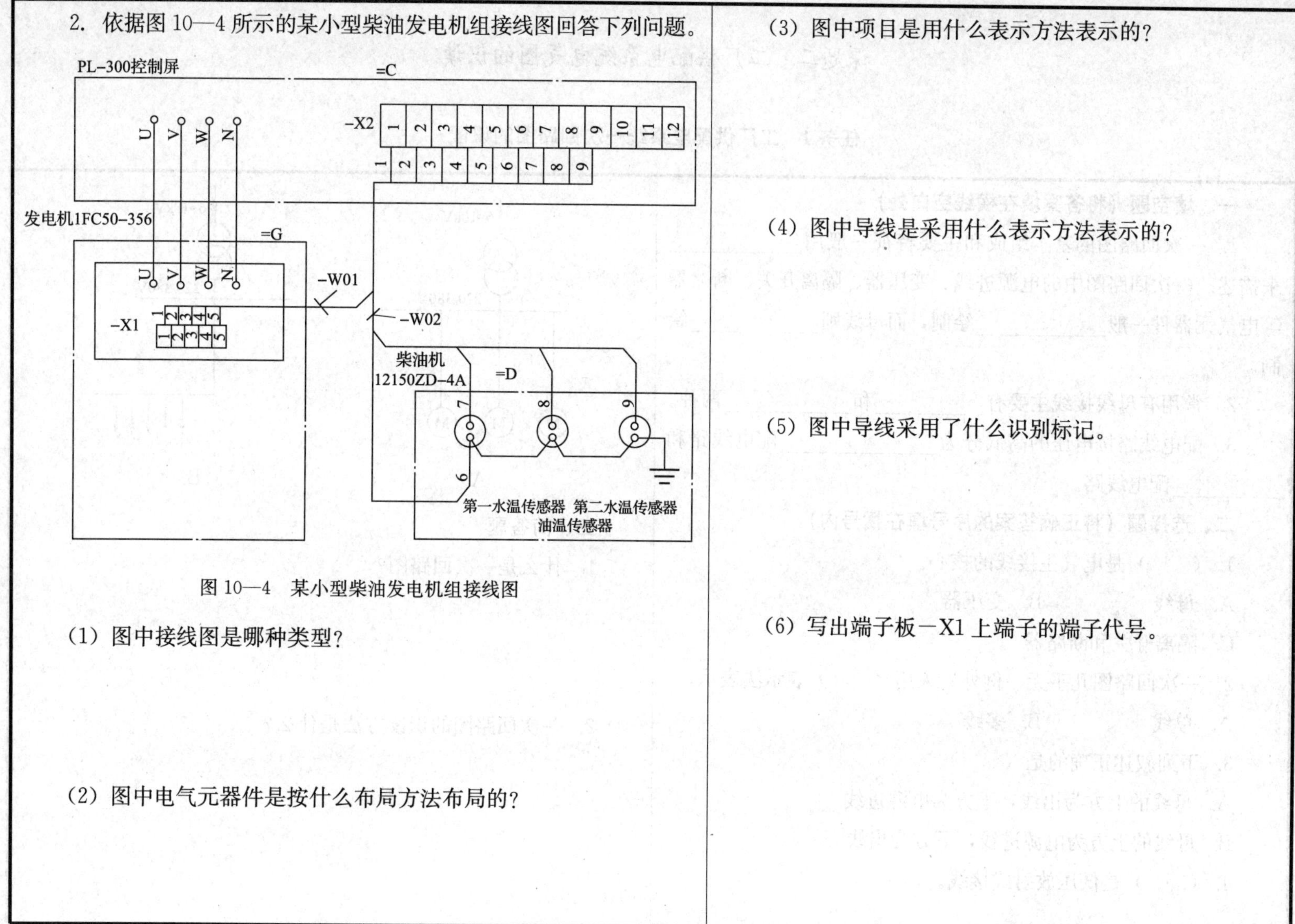

图 10—4　某小型柴油发电机组接线图

(1) 图中接线图是哪种类型?

(2) 图中电气元器件是按什么布局方法布局的?

(3) 图中项目是用什么表示方法表示的?

(4) 图中导线是采用什么表示方法表示的?

(5) 图中导线采用了什么识别标记。

(6) 写出端子板－X1 上端子的端子代号。

课题二　工厂供配电系统电气图的识读

任务 1　工厂供配电系统一次回路图的识读

一、填空题（将答案填在横线空白处）

1. 一次回路图的基本组成和主要特征一般用________来描述。一次回路图中的电源进线、变压器、隔离开关、断路器等电气元器件一般________绘制，而母线则________绘制。

2. 常用有母线接线主要有________和________两种。

3. 配电线路按电压的高低分为________配电线路和________配电线路。

二、选择题（将正确答案的序号填在括号内）

1. （　　）是电气主接线的核心。

A. 母线　　B. 变压器

C. 隔离开关和断路器

2. 一次回路图几乎无一例外地采用（　　）表示法表示。

A. 单线　　B. 多线

3. 下列叙述正确的是（　　）。

A. 母线的上方为出线，下方为电源进线

B. 母线的上方为电源进线，下方为出线

4. （　　）是低压放射式接线。

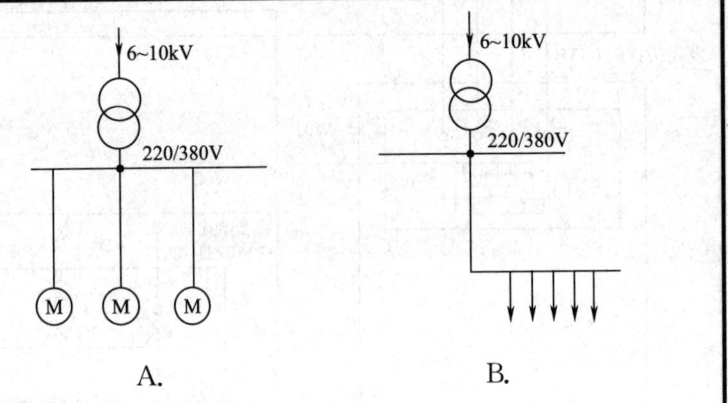

三、简答题

1. 什么是一次回路图？

2. 一次回路图的识读方法是什么？

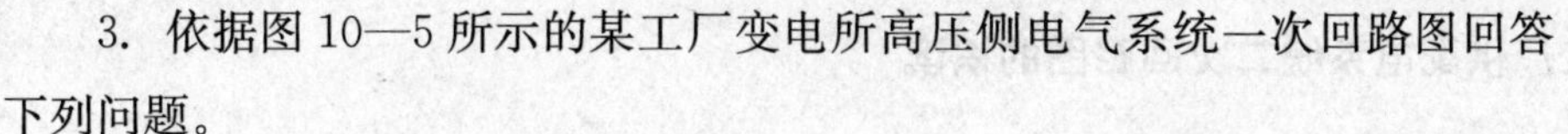

3. 依据图 10—5 所示的某工厂变电所高压侧电气系统一次回路图回答下列问题。

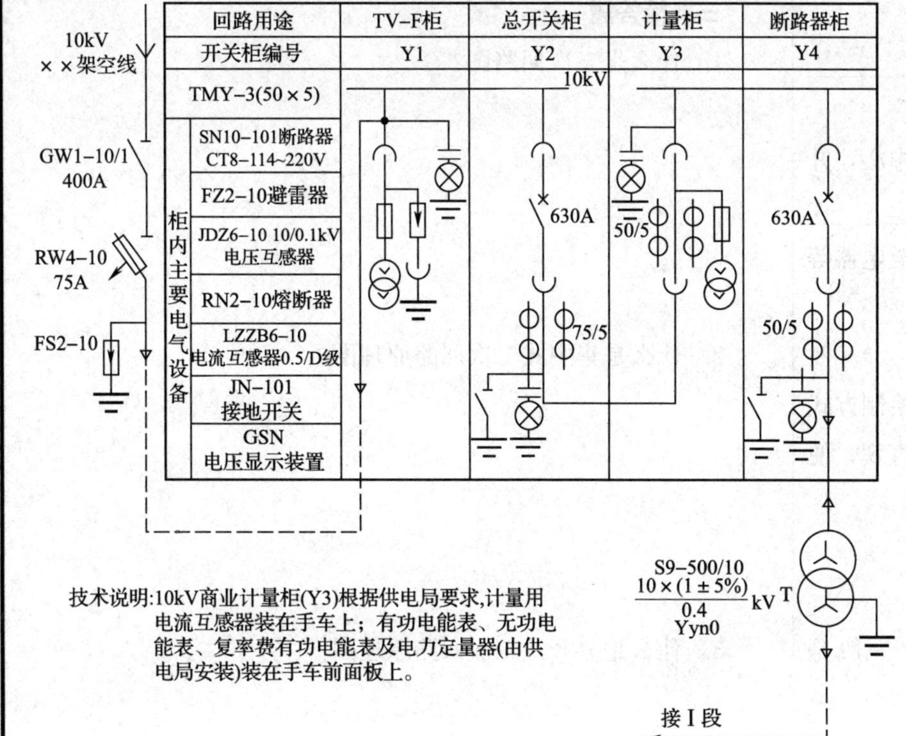

图 10—5　某工厂变电所高压侧电气系统一次回路图

（1）图中连接线是用什么表示方法表示的？

（2）图中电气元器件是按什么布局方法布局的？

（3）图中隔离开关、断路器、接地开关表示在什么状态？

（4）图中电气系统图是以什么为基础组合而成的？

（5）图中主接线采用什么形式？

（6）当电源进线以出线的形式送至母线，应怎样绘制？

任务2　工厂供配电系统二次回路图的识读

一、填空题（将答案填在横线空白处）

1. 集中式二次回路原理图中的一次设备一般用＿＿＿＿＿表示，除非二次设备非用三相表示不可。

2. 分开式二次回路原理图以＿＿＿＿＿＿＿＿为中心，并按照＿＿＿＿＿布置，将每套装置的＿＿＿＿＿＿、＿＿＿＿＿＿和＿＿＿＿＿等分开表示、独立绘制，同时也将仪表、继电器等的＿＿＿＿＿分别绘制在所属的回路中。

二、选择题（将正确答案的序号填在括号内）

1.（　　）以设备、元件为中心，集中绘制。这种绘制方式便于清楚地显示设备、元件之间的连接关系，比较形象直观，便于分析整套装置的动作原理。

A. 集中式二次回路原理图

B. 分开式二次回路原理图

2. 分开式二次回路原理图中各回路的排列顺序一般是（　　）。

A. 先交流电流回路、交流电压回路，后直流回路

B. 先交流电压回路、交流电流回路，后直流回路

C. 先直流回路，后交流电流回路、交流电压回路

三、简答题

1. 什么是二次回路图？

2. 什么是集中式二次回路原理图？

3. 什么是分开式二次回路原理图？

4. 依据图 10—6 所示的 6～10 kV 线路过流保护二次回路集中式原理图回答下列问题。

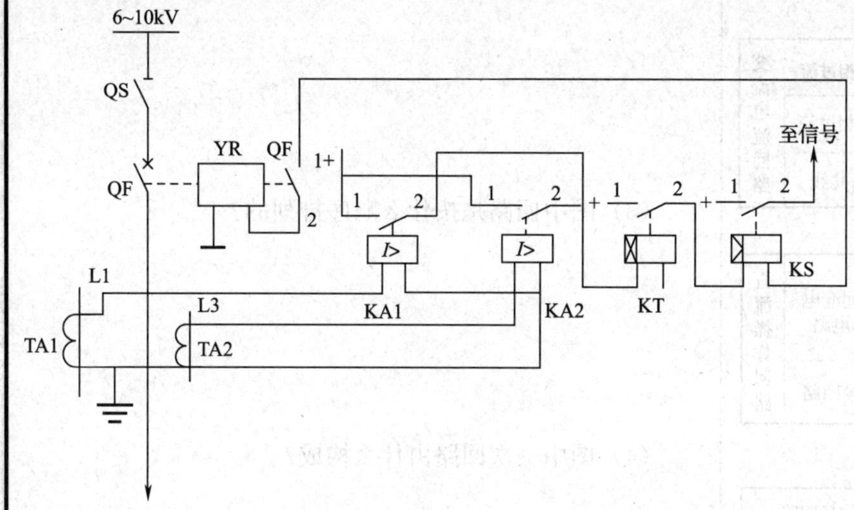

图 10—6　6～10 kV 线路过流保护二次回路集中式原理图

（1）图中的电气元器件是采用什么表示方法表示的？

（2）为突出二次回路的工作原理，图中各设备及元器件的图形符号是采用什么方式布置和排列的？

（3）图中一次设备和二次设备的触点都处在什么状态？

（4）从图中摘画出一次回路。

5. 依据图 10—7 所示的 6～10 kV 线路过流保护二次回路分开式原理图回答下列问题。

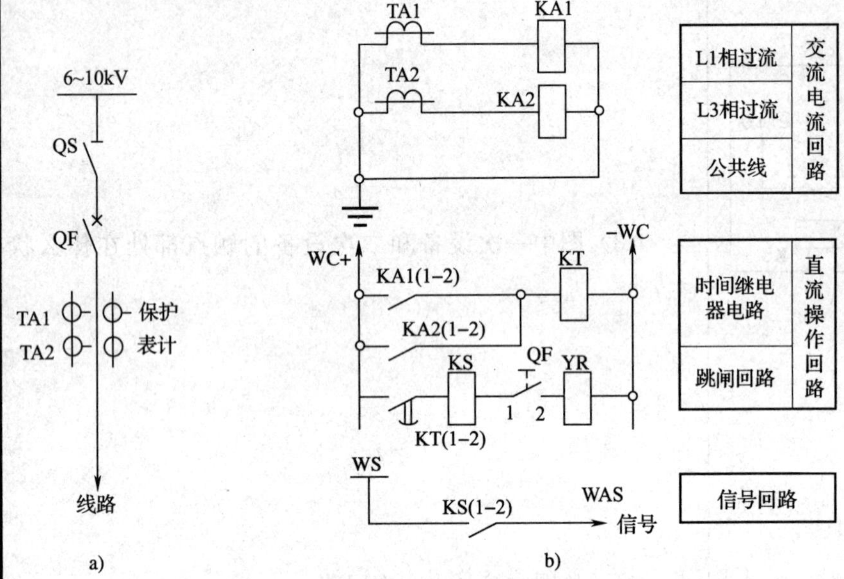

图 10—7　6～10 kV 线路过流保护二次回路分开式原理图

a）一次回路　b）二次回路

（1）图中的电气元器件是采用什么表示方法表示的？

（2）图中各设备及元件的图形符号是采用什么方式布置和排列的？

（3）图中回路是按什么顺序排列的？

（4）图中一次回路由什么构成？

（5）图中直流操作回路由什么组成？其目的是什么？

课题三　机械设备电气控制电气图的识读

任务 1　电气控制电路图的识读

一、填空题（将答案填在横线空白处）

1. 电气控制电路图一般由________和________两部分组成。

2. 电气控制电路图中的主电路和辅助电路一般要________绘制。

3. 电气控制电路图中的图线一般按______________布置或______________布置。

4. 识读电气控制电路图要先识读______________，再识读____________，并用________的各个回路去研究________的控制程序。

5. 阅读和分析电气控制电路图最常见的方法是__________。

二、选择题（将正确答案的序号填在括号内）

1.（　　）是电气控制电路中负载电流通过的电路。

A. 主电路　　B. 控制电路　　C. 辅助电路

2. 用查线读图法识读主电路的步骤的第一步是（　　）。

A. 查用电设备是用什么电气元器件控制的

B. 查主电路中的用电设备

C. 查主电路中所用的控制电器及保护电器

3. 用查线读图法识读辅助电路的步骤的第一步是（　　）。

A. 查控制电路中各种继电器、接触器的用途

B. 查电源

C. 结合主电路的要求，分析辅助电路的动作过程

4. 机床电气控制电路图中的线号实际上是用来识别导线的（　　），其主要用途是便于接线和查线。

A. 从属本端标记　　B. 从属远端标记　　C. 独立标记

三、简答题

1. 什么是电气控制电路图？

2. 识读电气控制电路图的基本方法可简述为什么？

3. 依据图 10—8 所示的 C620 型车床电气控制电路图，回答下列问题。

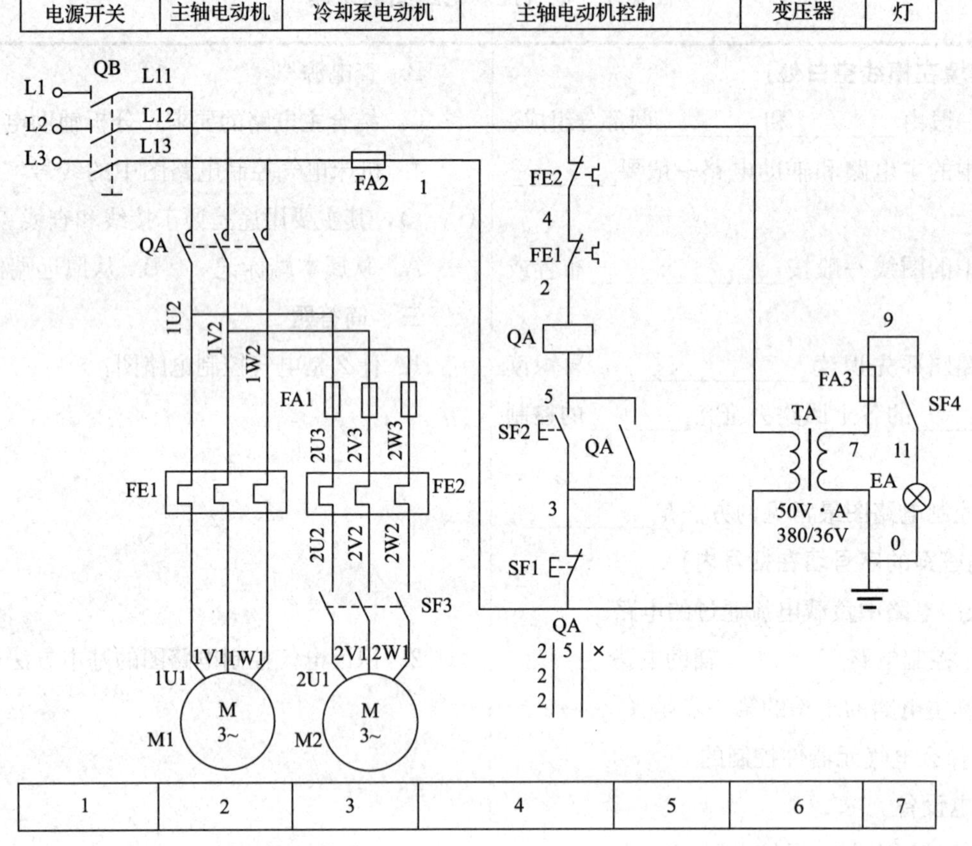

图 10—8 C620 型车床电气控制电路图

（1）在图中框画出主电路和控制电路。主电路绘制在图纸的哪一侧？辅助电路绘制在图纸的哪一侧？

（2）图中电气元器件是按什么布局方法布局的？

（3）图中负荷隔离开关 QB、按钮 SF1 和 SF2、控制开关 SF3 和 SF4 均表示在什么状态？

（4）图中用什么方法表示电气元器件在图中的位置？

（5）图中电气元器件用什么表示法表示？

（6）摘画出主轴电动机的主电路和控制电路。

任务 2 电气安装接线图的识读

一、填空题（将答案填在横线空白处）

1. 电气安装接线图的基本表示方法主要有____________、__________、__________三种。

2. 电气安装接线图中的各电气元器件均用________表示，不画实体。

3. 安装接线图中的各电气元器件的________、________及其他标识应与电路图中的一致，并按电路图所示信息进行__________，以便于接线和检修。

二、选择题（将正确答案的序号填在括号内）

1.（　　）是指将走向相同的导线绑扎成线束，并用一根图线表示的方法。

A. 线束法　　B. 散线法　　C. 相对编号法

2. 用（　　）表示绘制的安装接线图能清楚地反映出线路中各元件的连接关系，但图线条数目明显增加，不适用于复杂线路。

A. 线束法　　B. 散线法　　C. 相对编号法

3. 结合（　　）看接线图是看懂接线图的最好方法。

A. 电路图　　B. 概略图　　C. 机械图

4. 看接线图时，要（　　）。

A. 先看辅助电路，再看主电路

B. 先看主电路，再看辅助电路

C. 同时看辅助电路和主电路

三、简答题

1. 什么是电气安装接线图？

2. 识读主电路的电路图和接线图有什么不同之处？

3. 安装接线图中的分支导线应由什么引出？

4. 依据图 10—9 所示的三相笼型感应电动机点动控制电路电气安装接线图回答问题。

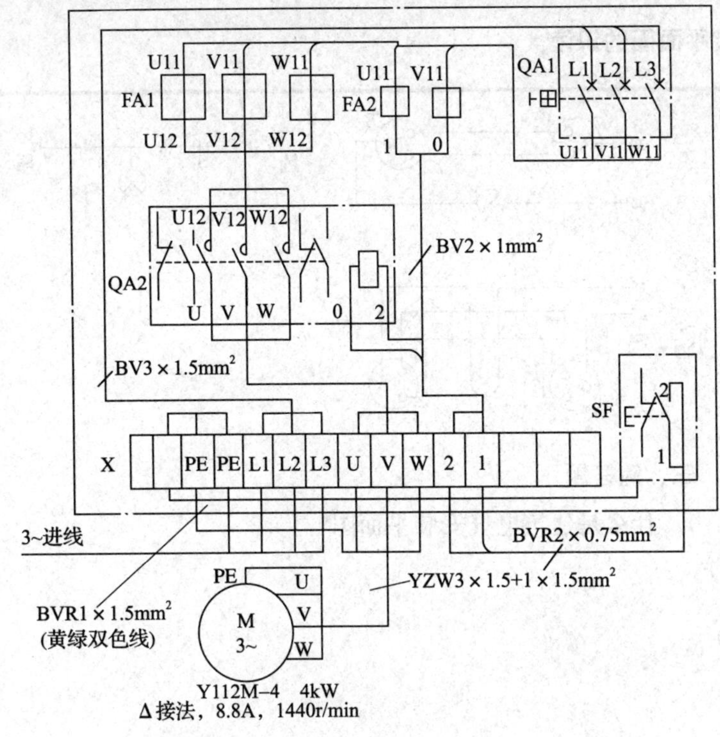

图 10—9 三相笼型感应电动机点动控制电路电气安装接线图

（1）图中电气元器件是按什么布局方法布局的？

（2）图中低压断路器 QA1、按钮 SF、接触器 QA2 均表示在什么状态？

（3）该图采用了电气安装接线图的哪种基本表示方法？

（4）在用线束法绘制的电气安装接线图中，为什么要将主回路和控制回路严格区分开来？

（5）识读三相笼型感应电动机点动控制电路主电路电气安装接线图。

课题四 建筑电气安装平面图的识读

任务1 电气照明安装平面图的识读

一、填空题（将答案填在横线空白处）

1. 电气照明安装平面图是指________________________的图样。

2. 在电气照明安装平面图中，照明电路的接线主要有__________接线法和__________接线法两种方式。

3. 根据建筑平面图的位置来确定电气设备和线路的图形符号在图上的位置的方法主要有__________法和__________法两种。

4. 照明配线方式常用的有________和________两种。

二、选择题（将正确答案的序号填在括号内）

1. 常用铜芯聚氯乙烯绝缘电线的型号是（　　）。

A. BLV　　B. BV　　C. BX

2. （　　）是导线只能通过设备的接线端子引线，导线中间不允许有接头的接线方法。

A. 共头接线法　　B. 直接接线法

3. 2只双联开关在2处控制1盏灯的电路平面图是（　　）。

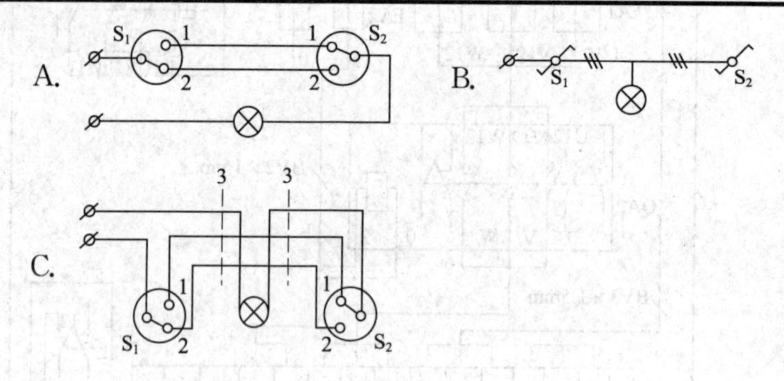

三、简答题

1. 什么是建筑电气安装平面图？

2. 阅读建筑电气工程图的一般顺序是什么？

3. 依据图 10—10 所示的某建筑物第三层电气照明安装平面图，回答下列问题。

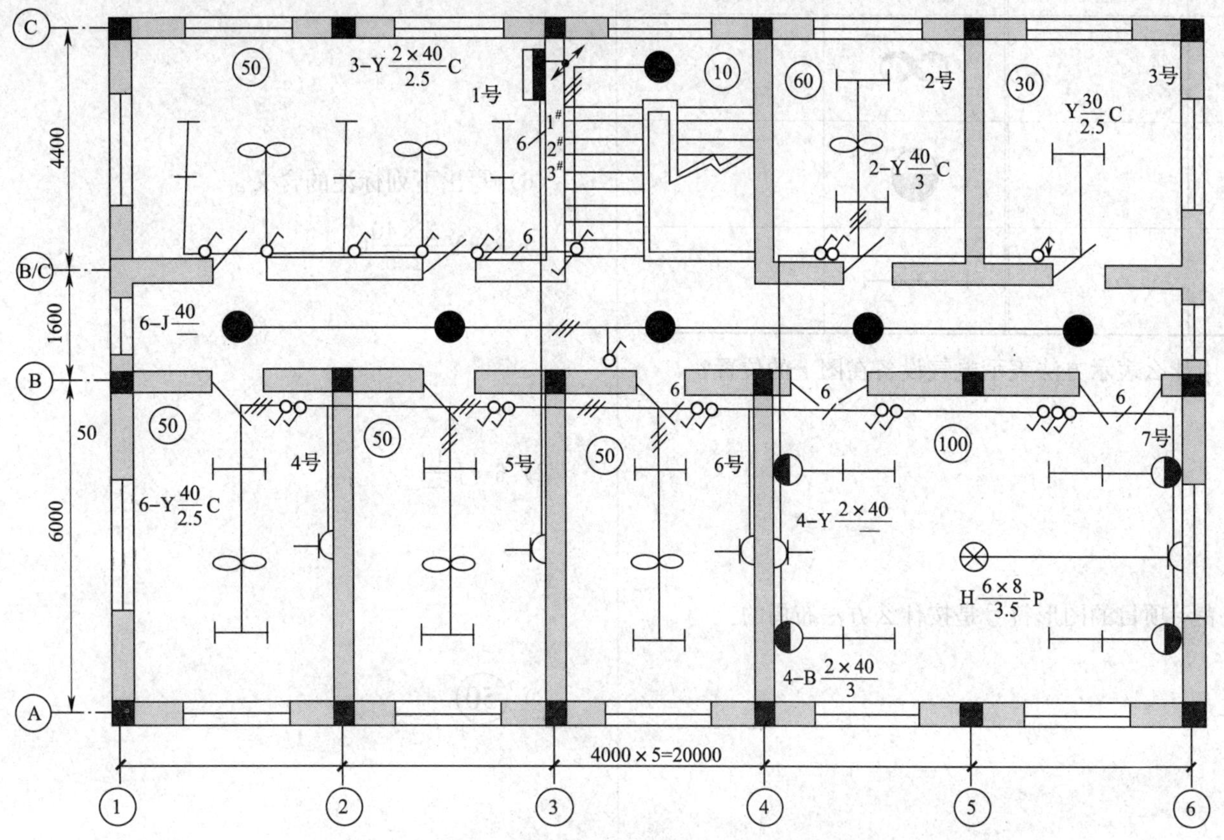

图 10—10　某建筑物第三层电气照明安装平面图

(1) 在表中写出图中各图形符号的含义。

图形符号	含义	图形符号	含义

(2) 图中用什么表示方法表示电气设备在图上的位置？

(3) 图中表示项目的图形符号是按什么方法布局的？

(4) 图中的电气设备是否必须标注与电路图相一致的参照代号？

(5) 图中表示电路的连接线是用什么表示方法绘制的？

(6) 写出下列标注的含义。

1) $3-Y\dfrac{2\times 40}{2.5}C$

2) $6-J\dfrac{40}{-}$

3) ㊿

任务 2　电力安装平面图的识读

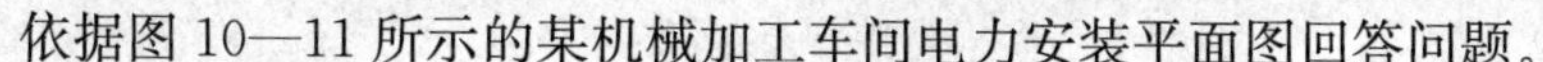

依据图 10—11 所示的某机械加工车间电力安装平面图回答问题。

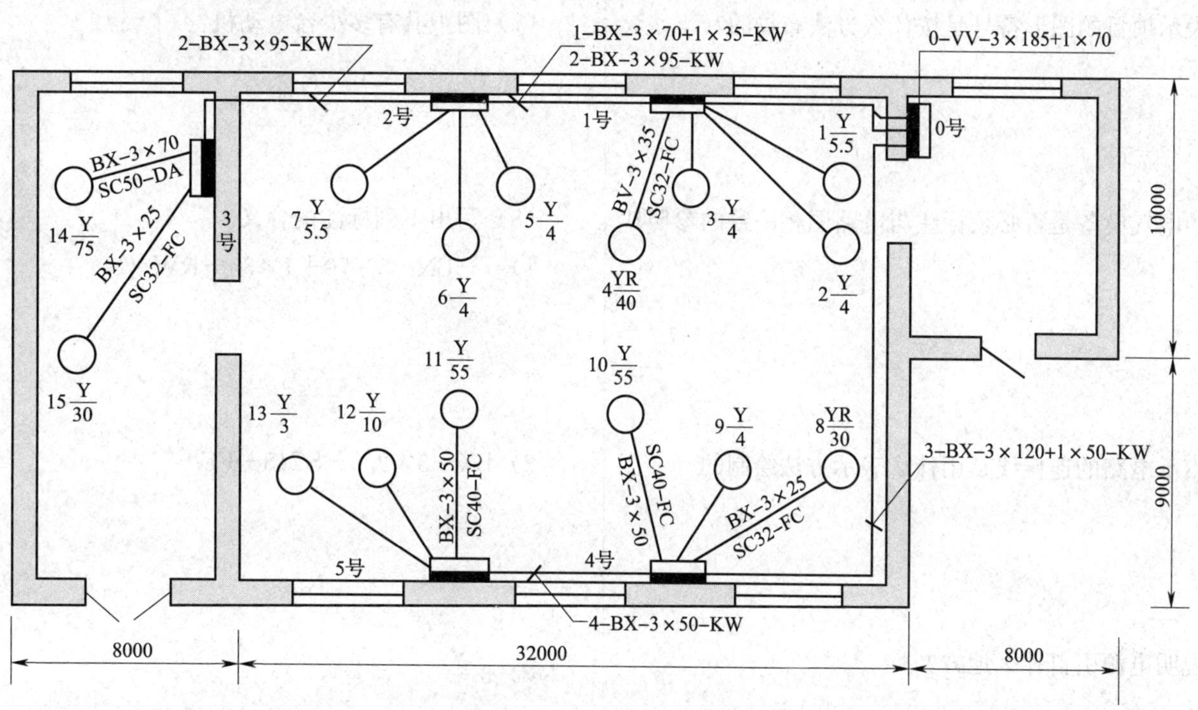

说明：a. 进线电缆引自室外380V架空线路第42号杆。

b. 各电动机配线除注明者外，其余均为BX–3 × 2.5–SC15–FC。

图 10—11　某机械加工车间电力安装平面图

(1) 图中用什么表示方法表示电气设备在图上的位置?

(2) 图中表示项目的图形符号是按什么方法布局的?

(3) 图中的电气设备是否必须标注与电路图相一致的参照代号?

(4) 图中表示电路的连接线是用什么表示方法绘制的?

(5) 图中说明电源引自什么地方?

(6) 图中车间一共布置了多少个电力配电箱?

(7) 图中共有多少台电动机?

(8) 写出下列标注的含义。

1) 1－BX－3×70＋1×35－KW

2) BX－3×2.5－SC15－FC

3) $3\frac{Y}{4}$

模块十一　用 AutoCAD 绘图

课题一　用 AutoCAD 绘制平面图

任务 1　绘制五角星平面图

一、填空题（将答案填在横线空白处）

1. 中文版 AutoCAD 2013 为用户提供了草图与注释、三维基础、三维建模和__________四种工作空间模式。

2. 菜单项后面有省略号“…”时，表示单击该选项后，会打开一个__________。

3. 工具栏是应用程序调用命令的另一种方式，它包含许多由__________表示的命令按钮。

4. AutoCAD ________窗口是记录 AutoCAD 命令的窗口，是放大的“命令行”窗口，它记录了已执行的命令，也可以用来输入新命令。

5. 在绘图窗口，光标通常显示为__________形式。当光标移至菜单选项、工具或对话框内时，它会变成一个箭头。

6. 当使用 Shift 键和鼠标右键的组合时，系统将弹出一个快捷菜单，用于设置捕捉__________的方法。

7. 在 AutoCAD 中，__________命令是指在执行其他命令的过程中可以执行的命令，如 SNAP、GRID、ZOOM 等。

8. 鼠标________键，用于指定屏幕上的点，也可以用来选择 Windows 对象、AutoCAD 对象、工具栏按钮和菜单命令等。

9. 在 AutoCAD 中，常用的 3 种选择对象的方式有窗口选择方式、点击选择方式和______选择方式。

二、判断题（在括号内，正确的画“√”，错误的画“×”）

1. 初次启动 AutoCAD 2013，进入 AutoCAD 2013 的初始设置工作空间。(　　)

2. AutoCAD 默认的图形文件，其名称为 DrawingN. dwg（N 是数字）。(　　)

3. AutoCAD 2013 的菜单栏几乎包括了 AutoCAD 中全部的功能和命令。(　　)

4. 菜单项后面有黑色的小三角“▶”时，表示单击该选项后，会打开一个对话框。(　　)

5. 菜单项为浅灰色时，表示在当前条件下，这些命令不能使用。(　　)

6. 如果要显示当前隐藏的工具栏，可在任意工具栏上单击右键，此时将弹出一个快捷菜单，通过选择命令可以显示相应的工具栏。(　　)

7. 在 AutoCAD 2013 中，“命令行”窗口不可以拖放为浮动窗口。(　　)

8. 在 AutoCAD 2013 中，按 F2 键可打开文本窗口。(　　)

9. 在第一次保存创建的图形时，系统将打开“图形另存为”

对话框。（　　）

10. 鼠标右键相当于 Enter 键，用于结束当前使用的命令，此时系统将根据当前绘图状态弹出不同的快捷菜单。（　　）

11. 在“命令行”窗口中单击右键，AutoCAD 将显示一个快捷菜单，通过它可以选择近期使用过的命令。（　　）

12. 完成透明命令后，将继续执行原命令。（　　）

13. 无论光标是“十”字线形式还是箭头形式，当单击或者按动鼠标键时，都会执行相应的命令或动作。（　　）

14. 默认情况下，AutoCAD 2013 保存文件以“AutoCAD2013 图形（*.dwg）”格式保存。（　　）

三、选择题（将正确答案的序号填在括号内）

1. AutoCAD 是（　　）公司开发的计算机辅助设计软件包。

A. Adobe　　B. Macromedia

C. Autodesk　　D. Microsoft

2. 在“命令行”窗口中单击鼠标右键，AutoCAD 将显示一个快捷菜单，通过它可以选择最近使用过的（　　）个命令。

A. 2　　B. 4　　C. 6　　D. 8

3. 在 AutoCAD 2013 中，可以通过（　　）键打开文本窗口。

A. F1　　B. F2　　C. F8　　D. F10

4. 用 AutoCAD 画完一幅图后，在保存该图形文件时用（　　）扩展名。

A. cfg　　B. dwt　　C. bmp　　D. dwg

四、上机练习题

1. 启动 AutoCAD 2013，熟悉其工作界面，关闭“绘图”“修改”工具栏，打开“标注”“对象捕捉”工具栏。

2. 查看 AutoCAD 2013 中的绘图和修改工具栏中按钮的名称和作用。

操作提示：移动光标至绘图和修改工具栏上，将在光标附近显示其名称，在状态栏显示该工具的有关说明。

3. 查看 AutoCAD 2013 状态行中的“捕捉”“栅格”“正交”“极轴追踪”“对象捕捉”“对象捕捉追踪”“允许/禁止动态UCS”“动态输入”“显示/隐藏线宽”“快捷特性”等功能按钮，试着打开并关闭这些功能。

操作提示：单击相应图标，当图标发亮时，表示该功能打开，图标发暗时，表示该功能关闭。

4. 在 AutoCAD 2013 工作界面上，移动光标至不同位置，然后单击鼠标右键，查看弹出的快捷菜单。按住 Shift 键，再单击鼠标右键，弹出单一对象捕捉快捷菜单。

5. 一般情况下，AutoCAD 2013 的绘图区域为黑色，请把绘图区域改为白色。

操作提示：单击菜单栏中的“工具”菜单，选择“选项”功能，系统弹出“选项”对话框，单击对话框中的“显示”项。在“显示”项中，单击“颜色”按钮，系统弹出“图形窗口颜色”对话框，在“颜色”选项处，选择“白色”即可。

6. db _ samp 文件位于 *：Program Files \ AutoCAD 2013 \

sample \ Database Connecticity 中。请打开它，然后关闭它。

7. 使用 AutoCAD2013 提供的“帮助”功能，查找 circle 命令的功能及其操作提示。

操作提示：单击“帮助”菜单中的“AutoCAD 帮助”子菜单，或单击标准菜单栏上的“帮助”图标 ?，打开 AutoCAD 帮助对话框，在搜索框中输入 circle 命令，按确认键，即可查找到 circle 命令说明。

8. 在命令行中输入 Time 命令，查看系统弹出的文本窗口，文本显示当前时间、图形创建时间、修改时间。

9. 绘制一条长为 80 mm 的水平线。

操作提示：打开“正交”功能，单击绘图工具栏中的“直线”按钮，根据命令行中的提示，在绘图区用鼠标左键确定第一点，然后沿水平方向移动鼠标，输入 80，按 Enter 或鼠标右键确定，再按 Esc 键退出直线功能。

10. 绘制两直角边为 40 mm、30 mm 的直角三角形。

操作提示：利用正交功能绘制 40 mm 水平线，然后垂直移动光标，输入 30 并确定，再输入字母 C，并确定，即可绘制出所要求的三角形。

11. 绘制 15°、30°、45°、60°、75°斜线。

操作提示：关闭状态栏中的“正交”功能，打开“极轴追踪”功能，单击绘图工具栏中的“直线”按钮，根据命令行中的提示，在绘图区用鼠标左键确定第一点，然后逆时针方向移动鼠标，根据极轴提示，便可画出 15°、30°、45°、60°、75°斜线。

12. 绘制两边长为 60 mm、80 mm 的长方形。

操作提示：可用“直线”按钮绘制该长方形，方法和绘制三角形类似。也可利用“矩形”按钮绘制，单击“矩形”按钮，系统提示：

命令：_ rectang

指定第一个角点或 [倒角 (C) /标高 (E) /圆角 (F) /厚度 (T) /宽度 (W)]：(用鼠标左键在绘图区中确定第一角点)

指定另一个角点或 [面积 (A) /尺寸 (D) /旋转 (R)]：d (输入 d，并确定)

指定矩形的长度 <10.0000>：80 (输入 80，并确定)

指定矩形的宽度 <10.0000>：60 (输入 60，并确定)

完成上述操作，即可绘制出两边长为 60 mm、80 mm 的长方形。

13. 绘制半径为 50 mm 的圆。

操作提示：单击“圆”按钮，系统提示：

命令：_ circle

指定圆的圆心或 [三点 (3P) /两点 (2P) /切点、切点、半径 (T)]：(用鼠标左键，确定圆心)

指定圆的半径或 [直径 (D)] <100.0000>：50 (输入 50 并确定)

完成上述操作，系统便可绘制出半径为 50 mm 的圆。

14. 绘制半径为 100 mm 圆的内接正六边形。

操作提示：单击“正多边形”按钮，系统提示：

命令：_ polygon

输入边的数目 <4>：6（输入边数 6）

指定正多边形的中心点或［边（E）］：（确定中心）

输入选项［内接于圆（I）/外切于圆（C）］<I>：（输入 I）

指定圆的半径：100（输入半径）

完成上述操作，系统便绘制出半径为 100 mm 圆的内接正六边形。

15. 绘制长半轴为 100 mm，短半轴为 60 mm 的椭圆。

操作提示：单击“椭圆”按钮，系统提示：

命令：_ellipse

指定椭圆的轴端点或［圆弧（A）/中心点（C）］：c（输入 c，并确定）

指定椭圆的中心点：（确定椭圆中心）

指定轴的端点：100（输入长半轴）

指定另一条半轴长度或［旋转（R）］：60（输入短半轴）

完成上述操作，系统便绘制出长半轴为 100 mm，短半轴为 60 mm 的椭圆。

任务 2　绘制密封板平面图

一、填空题（将答案填在横线空白处）

1. 默认情况下，图层 0 将被指定使用________号颜色、“Continuous”线型、“默认”线宽及“normal”打印样式，用户不能删除或重命名图层 0。

2. 在“图层特性管理器”对话框中单击“新建图层”按钮，可以创建一个名称为________的新图层，该名称可以更改。

3. 图层的颜色实际上是图层中__________的颜色。

4. 在 AutoCAD 2013 中创建的所有对象都是根据______单位进行测量的。

5. 在 AutoCAD 中，坐标系分为________坐标系（WCS）和用户坐标系（UCS），两种坐标系下都可以通过坐标（x，y）来精确定位点。

6. 在 AutoCAD 2013 中，点的坐标可以使用______坐标、绝对极坐标、相对直角坐标和相对极坐标 4 种方法表示。

7. 绝对极坐标是从点（0，0）或（0，0，0）出发的位移，但给定的是距离和角度，其中距离和角度用________分开，且规定 X 轴正向为 0°，Y 轴正向为 90°。

8. 相对坐标是指相对于某一点的 X 轴和 Y 轴的位移，或距离和角度，它的表示方法是在绝对坐标表达方式前加上________号。

9. 对象捕捉可以分为两种方式，______对象捕捉和自动对象捕捉。

10. 选择对象时，在对象上将显示出若干个小方框，这些小方框称为对象的________，也称为夹点。

11. 一条直线有______个夹点，一个圆有______个夹点。

12. 使用 AutoCAD 2013 的夹点功能，可以方便地对____和文字进行拉伸、移动、旋转、缩放以及镜像等编辑操作。

二、判断题（在括号内，正确的画“√”，错误的画“×”）

1. 一般情况下，一个图层上的对象应该是一种线型、一种颜色。（ ）

2. 各图层具有相同的坐标系、绘图界限、显示时的缩放倍数。（ ）

3. 开始绘制新图形时，AutoCAD 将自动创建一个名为图层 1 的特殊图层。（ ）

4. 默认情况下，新建图层与当前图层的状态、颜色、线型、线宽等设置相同。（ ）

5. 屏幕上显示线的宽度并不影响线的实际打印宽度。（ ）

6. 默认的正角度方向是顺时针方向。（ ）

7. 设置绘图界限就是用来确定绘图的范围，相当于确定手工绘图时图纸的图幅。（ ）

8. 默认情况下，在开始绘制新图形时，当前坐标系为世界坐标系，即 WCS。（ ）

9. UCS 坐标轴的交汇处显示“口”形标记，WCS 没有“口”形标记。（ ）

10. 极坐标（30<60）表示该点离坐标原点距离为 60 mm，角度为 30°。（ ）

11. 单一对象捕捉模式，每一次操作可以捕捉到多个特殊点。（ ）

12. 在正交模式下，只能绘制与 X 轴或 Y 轴平行的线段。（ ）

13. 单击“正交”按钮，即打开正交功能，再次单击“正交”按钮即关闭该功能。（ ）

三、选择题（将正确答案的序号填在括号内）

1. 要始终保持图中各元素的颜色与图层的颜色一致，颜色控制应设置为（ ）。

A. BYLAYER　　B. BYBLOCK

C. COLOR　　D. RED

2. 对“0”层的描述不正确的是（ ）。

A. 它是每个绘图文件必须有的

B. 不能被删除，也不能被改名

C. 它总是用实线绘制位于其上且线型为 BYLAYER 的图元

D. 它是 AutoCAD 自动建立的

3. AutoCAD 中的图层数最多可设置为（ ）。

A. 10 层　　B. 没有限制　　C. 5 层　　D. 256 层

4. 线型的设置在（ ）菜单中。

A. 插入　　B. 视图　　C. 格式　　D. 绘图

5. 在捕捉圆上的圆心时，靶框应放在（ ）。

A. 圆心上　　B. 圆内　　C. 圆周上　　D. 圆外侧

6. （ ）表示离现在点 4 单位远，成 37°角的点。

A. 4<37　　B. @4<37　　C. 4，37　　D. 37<4

7. 下述坐标中，（ ）将确定屏幕默认原点。

A. 000　　B. 00　　C. 0.0，0.0　D. @0，0

8. 假若直线的第一点已确定，要画出与 X 轴正方向成 60°，长度为 100 mm 的直线段，用（　　）命令最合适。

A. @100<60　　B. @100，60

C. @60<100　　D. 50，86.6

四、上机练习题

1. 根据下表要求，创建名为“acad2D. dwt”的图形样板。

图层	颜色	线型	线宽
中心线	红色	CENTER	0.2
细实线	绿色	CONTINUOUS	0.2
粗实线	黑色（或白色）	CONTINUOUS	0.6
点画线	黄色	ACAD—IS004W100	0.2
尺寸	黑色（或白色）	CONTINUOUS	0.2
文字	黑色（或白色）	CONTINUOUS	0.2

2. 绘制图 11—1 所示图形（不标注尺寸）。

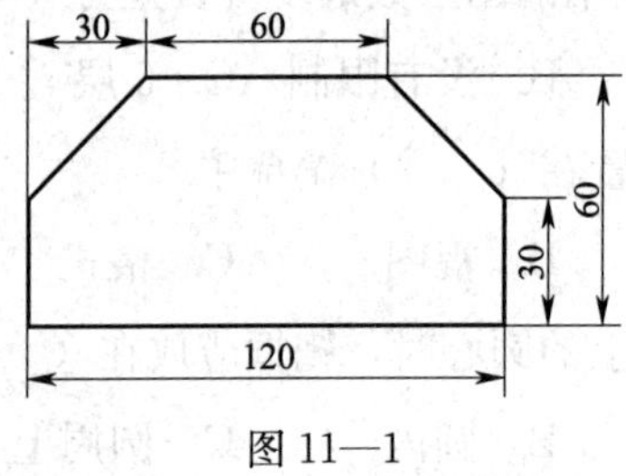

图 11—1

3. 绘制图 11—2 所示图形（不标注尺寸）。

4. 绘制图 11—3 所示图形（不标注尺寸）。

5. 绘制图 11—4 所示图形（不标注尺寸）。

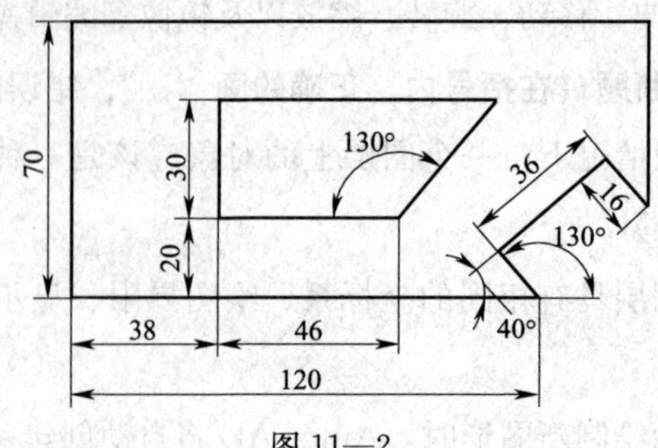

图 11—2

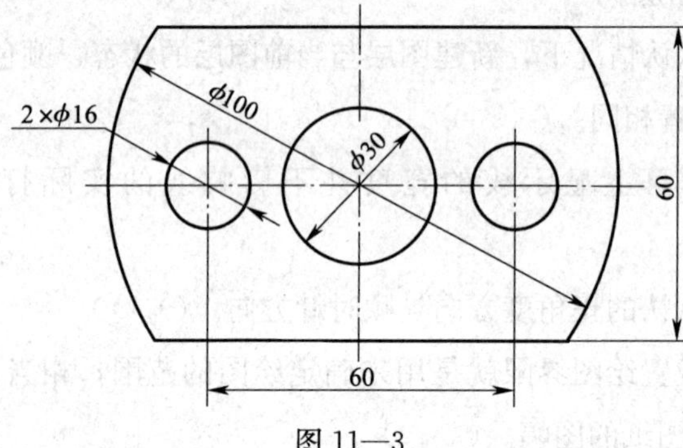

图 11—3

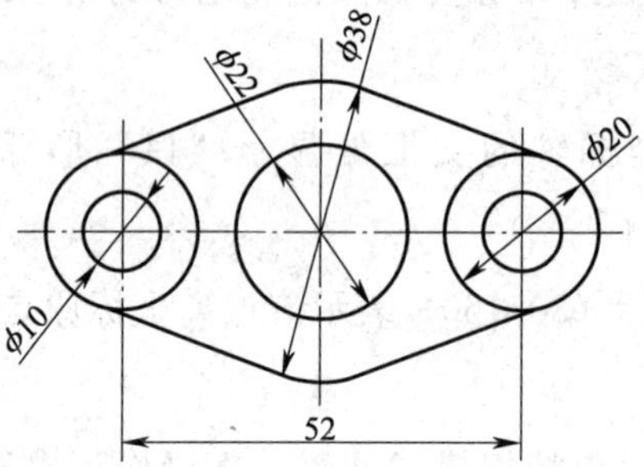

图 11—4

课题二　用 AutoCAD 绘制图样

任务 1　绘制三视图

一、填空题（将答案填在横线空白处）

1. 在一个完整的图样中，通常都包含一些______注释来标注图样中的一些非图形信息。

2. 单行文字命令为________，多行文字命令为________。

3. ________文字又称为段落文字，是一种更易于管理的文字对象，可以由两行以上的文字组成，而且各行文字都是作为一个整体处理。

4. 特殊字符的控制符由__________和一个字符组成。

5. 在输入文字时，ϕ用______表示，±用________表示。

6. 在“倾斜角度”文本框中可以设置文字的倾斜角度，角度为______时，不倾斜；角度为正值时，向________倾斜；角度为负值时，向________倾斜。

7. 在 AutoCAD 的控制符中，%%O 和%%U 分别是______线与________线的开关。

8. 在机械制图或其他工程绘图中，一个完整的尺寸标注应由标注文字、__________、尺寸界线、箭头等组成。

9. 创建两点间的水平、垂直或指定方向的距离标注，称为________标注；创建尺寸线平行于尺寸界线原点的线性标注，称为________标注。

10. 在 AutoCAD 中，使用______可以控制标注的格式和外观，建立强制执行的绘图标准，并有利于对标注格式及用途进行修改。

二、判断题（在括号内，正确的画“√”，错误的画“×”）

1. 在创建文字注释和尺寸标注时，AutoCAD 通常使用当前的文字样式。也可以根据具体要求重新设置文字样式或创建新的样式。（　　）

2. 在 AutoCAD 2013 中，默认文字样式为 Standard。（　　）

3. 在 AutoCAD 2013 中，可以删除某一已有的文字样式，也可以删除已经使用的文字样式和默认的 Standard 样式。（　　）

4. 在 AutoCAD 2013 中，只有 SHX 文件可以创建“大字体”。（　　）

5. 对于多行文字来说，每一行都是一个文字对象。（　　）

6. 在 AutoCAD 2013 中，可以切换到 Windows 的中文输入方式下，输入中文文字。（　　）

7. 堆叠文字是一种垂直对齐的文字或分数，在使用时，需要分别输入分子和分母，其间使用 / 、# 或 ^ 分隔，然后选择这一部分文字，单击堆叠按钮即可。（　　）

8. 在 AutoCAD 的控制符中，%%O 和%%U 分别是上划线与下划线的开关。第一次出现此符号时，可打开上划线或下划线，第二次出现该符号时，则会关掉上划线或下划线。

(　　)

9. 在绘图窗口中双击输入的多行文字，可以打开多行文字编辑窗口。(　　)

10. 物体的真实大小应以图样上所标注的尺寸数值为依据，与图形的大小及绘图的准确度无关。(　　)

11. 在同一张图中可以存在一种以上的尺寸标注样式。(　　)

12. 尺寸标注不能应用“分解”功能进行分解。(　　)

三、选择题（将正确答案的序号填在括号内）

1. 创建尺寸线平行于尺寸界线原点的线性标注是（　　）。

A.　　B.　　C.　　D.

2. 在 AutoCAD 中，尺寸比例因子（measurement scale）为 1 时，某尺寸标注的尺寸数字是 100，改尺寸比例因子为 2 后，尺寸数字 100 变为（　　）。

A. 不改变　　B. 200　　C. 50　　D. 其他

3. 用 TEXT 命令标注角度符号（°）时，应在角度数值后加（　　）。

A. %%C　　B. %%D　　C. %%P　　D. %%U

4. 下列表示 ϕ220 的字符代码是（　　）。

A. %%U220　　B. %%O220　　C. %%C220　　D. %%D220

5. 下列表示 20%的字符代码是（　　）。

A. %%20　　B. %%O20　　C. %%P20　　D. 20%%%

6. 用 TEXT 命令书写文本时，要在文本下面加一条下划线，应使用（　　）。

A. %%D　　B. %%P　　C. %%C　　D. %%U

7. 关于输入文字时的叙述，不正确的是（　　）。

A. 可以指定文字的高度　　B. 可以指定文字的宽度系数

C. 不能指定文字的角度　　D. 可以用回车键换行

四、上机练习题

1. 练习输入 $R50$、$\phi80$、60°、100 ± 0.01、$\frac{1}{2}$、$10_{-0.1}^{\ 0}$ 等文字。

2. 创建“直线”尺寸标注样式。要求：基础样式为 ISO—25，“箭头大小”为 4，“文字高度”为 7.5，“文字对齐”选择“与尺寸线对齐”，“单位格式”为“小数”，“公差方式”为“对称”，公差值大小为 0.02，其余选项为默认值。

3. 绘制图 11—5 所示图形，并标注尺寸。

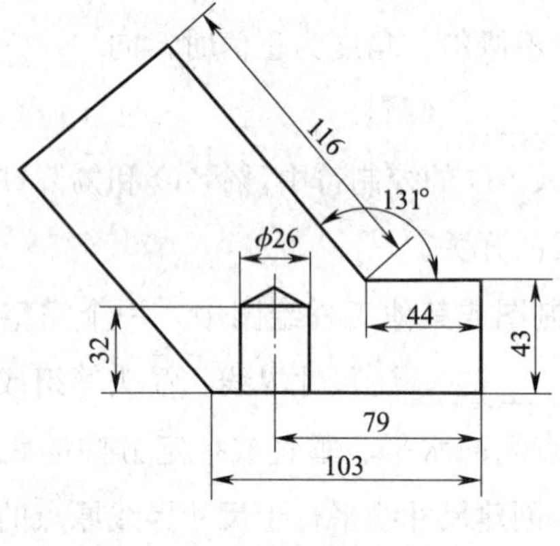

图 11—5

4. 绘制图 11—6 所示图形，并标注尺寸。

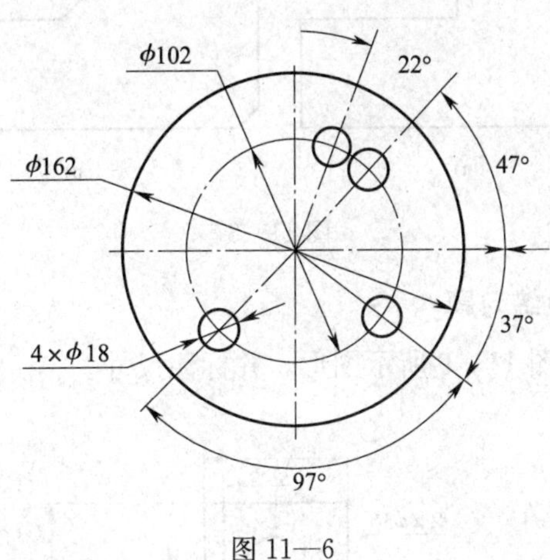

图 11—6

5. 绘制图 11—7 所示图形，并标注尺寸。

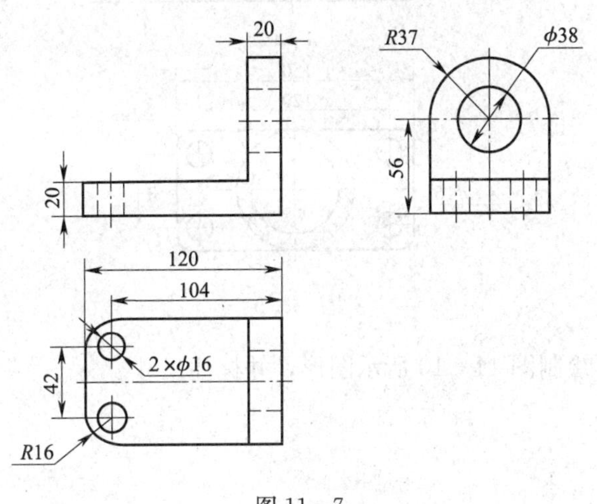

图 11—7

任务 2　绘制剖视图

一、填空题（将答案填在横线空白处）

1. “圆弧”命令可以根据指定的方式绘制弧形曲线，AutoCAD 2013 提供了____种方式来绘制圆弧。

2. “起点、圆心”方式画弧可分为“起点、圆心、端点”“起点、圆心、角度”和“__________________”三种。

3. “起点、圆心、长度”方式中的长度指的是圆弧的弦长，弦长可以为正值，表示圆心角为___________的圆弧；弦长可以为负值，表示圆心角为_____________的圆弧。

4. “起点、端点、角度”方式中的“角度”指的是圆弧包含角，包含角为______值，逆时针方向生成圆弧；包含角为______值，顺时针方向生成圆弧。

5. “起点、端点、方向”方式的“方向”指的是圆弧起点处圆弧的________方向。

6. 当刚结束“圆弧”命令后，单击“绘图”→“圆弧”→“继续”命令，系统自动进入“连续画弧”状态，绘制的圆弧与前一个圆弧的终点连接并与之________。

7. 图案填充是一种使用指定线条图案来充满指定区域的图形对象，常常用于表达________和不同类型物体对象的外观纹理。

8. 图案是一种特殊的块，称为“匿名”块，无论形状多复杂，它都是___________的对象。

二、判断题（在括号内，正确的画“√”，错误的画“×”）

1. “起点、圆心、端点”方式以顺时针方向生成圆弧。(　　)

2. “起点、圆心、长度”方式中的长度指的是圆弧的弦长，弦长只能是正值。(　　)

3. “起点、端点、角度”方式中的“角度”指的是圆弧包含角，包含角只能为正值。(　　)

4. 如果在刚结束画线命令后，再执行“继续”画弧命令，那么绘制的圆弧会与直线相切。(　　)

5. 倒角时，两倒角距离可以相等，也可以不等。(　　)

6. 对于不封闭的区域边界，可以通过“拾取点”或“选择对象”来进行图案填充。(　　)

7. 分解后的图案可以使用“修改”→“对象”→“图案填充”命令来编辑。(　　)

三、选择题（将正确答案的序号填在括号内）

1. 以“三点”方式绘制圆弧时，“第二点”为（　　）。

A. 圆弧的起点　　B. 圆弧的终点

C. 圆弧周线上的一个点　　D. 圆心

2. 用多段线绘制图 11—8a 时，最后需要以（　　）方式来封闭图形，用多段线倒角才能生成图 11—8b 所示图形。

A. 闭合　　B. 捕捉起点

C. 二者皆可　　D. 二者皆不可

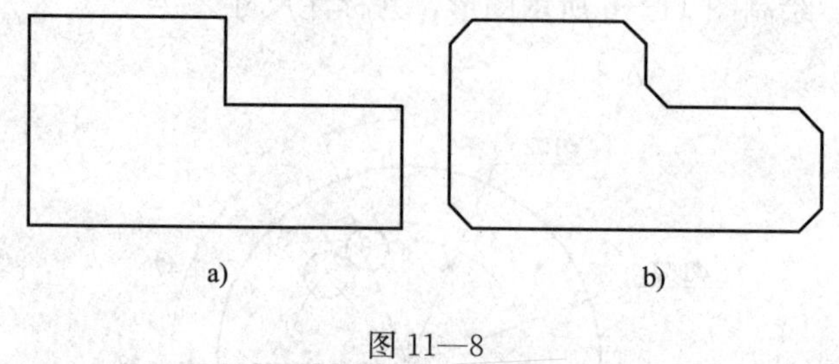

图 11—8

四、上机练习题

1. 绘制图 11—9 所示图形，并标注尺寸。

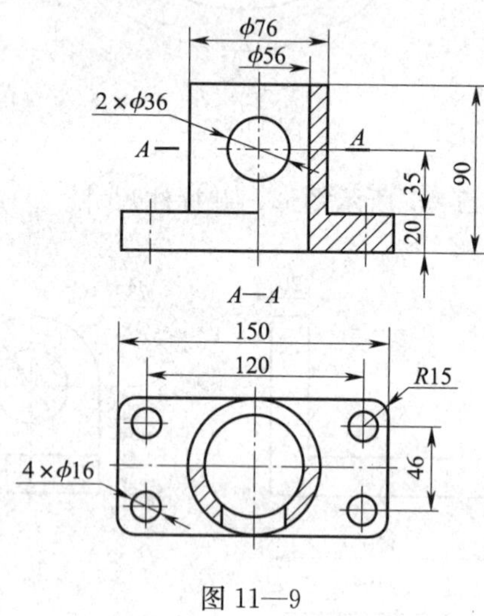

图 11—9

2. 绘制图 11—10 所示图形，并标注尺寸。

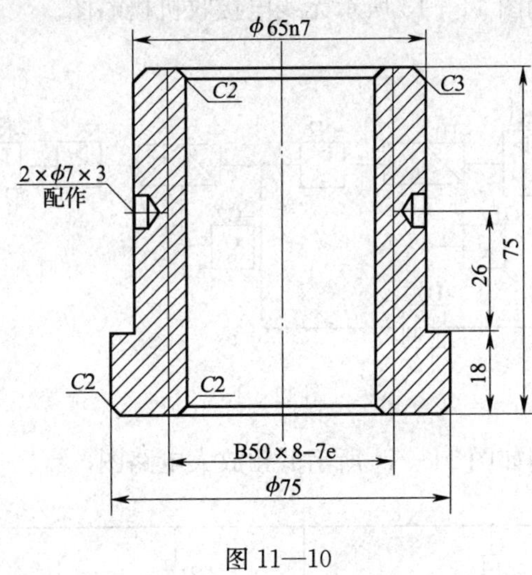

图 11—10

任务 3　绘制电路图

一、填空题（将答案填在横线空白处）

1. 将一个或多个单一的实体对象整合为一个对象，这个对象就是__________。

2. 图块分__________图块和__________图块两种类型。

3. 在命令行中输入__________，打开“写块”对话框。

4. 在图层 0 上绘制的块的部件对象仍保留在图层 0 上。颜色为“BYLAYER”的对象为______色。线型为“BYBLOCK”的对象具有__________线型。

5. 创建的______图块作为独立文件保存，可以插入到任何图形中去，并可以对图块进行打开和编辑。

二、判断题（在括号内，正确的画“√”，错误的画“×”）

1. 图块中的各实体可以具有各自的图层、线型、颜色等特征。（　　）

2. 在应用时，图块可以根据需要按一定比例和角度将图块插入到需要的位置。（　　）

3. 插入的图块只能保存图块的特征性参数，而不保存图块中的每一个实体的特征参数。（　　）

4. 内部图块只能在当前图形中应用，而不插入到其他图形中。（　　）

5. 内部图块名称最多可以包含 255 个字符，包括字母、数字、空格，以及操作系统或程序未作他用的任何特殊字符。（　　）

6. 内部图块可作为独立文件保存，可以插入到任何图形中去，并可以对图块进行打开和编辑。（　　）

7. 在 AutoCAD 中，块可以由绘制在不同图层上的对象组成，但必须统一颜色和线宽。　（　　）

8. 图块作为一个整体可以被复制、移动、删除和编辑。（　　）

9. 内部图块命令为 BLOCK，定义外部图块命令为 WBLOCK。（　　）

10. 在任何一个图形中插入图块时，被插入的图块只能按原图形大小插入。（　　）

三、上机练习题

1. 绘制图 11—11 所示直流稳压电源电路图。

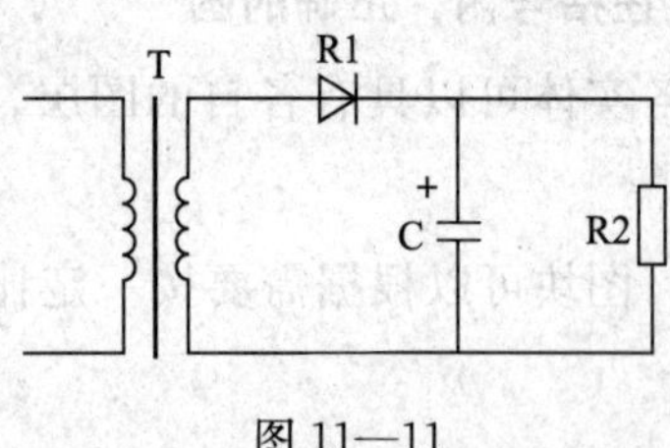

图 11—11

2. 绘制图 11—12 所示电动机点动控制电路图。

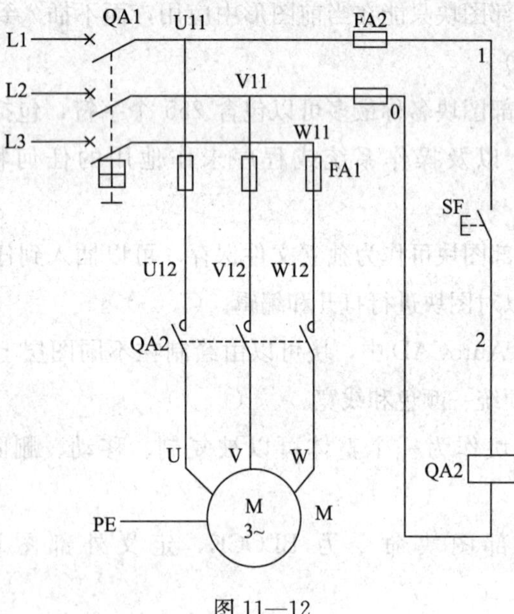

图 11—12

3. 绘制图 11—13 所示无线电接收机概略图。

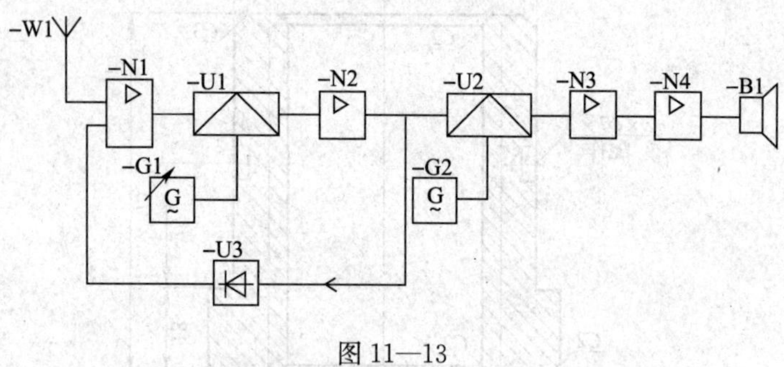

图 11—13

4. 绘制如图 11—14 所示低频放大电路图。

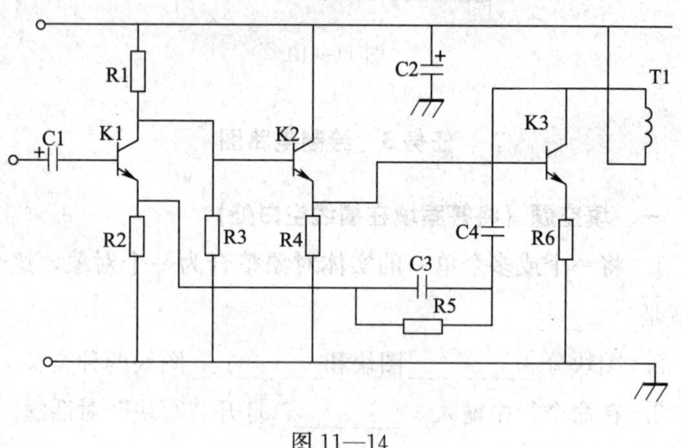

图 11—14